示范地区作物气象灾害防御指南

孙　健　主编

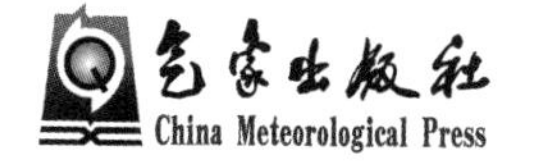

图书在版编目(CIP)数据

示范地区作物气象灾害防御指南/孙健主编. —北京：气象出版社，2017.4

ISBN 978-7-5029-5778-0

Ⅰ. ①示… Ⅱ. ①孙… Ⅲ. ①农业气象灾害-灾害防治-指南 Ⅳ. ①S42-62

中国版本图书馆 CIP 数据核字(2017)第 030051 号

出版发行：气象出版社
地　　址：北京市海淀区中关村南大街 46 号
邮政编码：100081
网　　址：http://www.qxcbs.com
E-mail：qxcbs@cma.gov.cn
电　　话：010-68407112(总编室)　010-68408042(发行部)
责任编辑：崔晓军
终　　审：邵俊年
封面设计：博雅思企划
责任技编：赵相宁
责任校对：王丽梅
印 刷 者：北京中新伟业印刷有限公司
开　　本：787 mm×1092 mm　1/32
印　　张：4
字　　数：90 千字
版　　次：2017 年 4 月第 1 版
印　　次：2017 年 4 月第 1 次印刷
定　　价：15.00 元

前　言

《示范地区作物气象灾害防御指南》作为2014年科技支撑计划项目“特色区域农村信息化集成技术与应用”中农村气象灾害预警综合信息平台技术集成与应用示范的重要组成部分，针对河北省棉花、玉米、冬小麦、葡萄、温室蔬菜，以及重庆市水稻、柑橘在内的七种(类)作物常见的农业气象灾害类型进行梳理，总结各类农业气象灾害形成原因及灾情出现后的防御和补救措施。本指南适合广大应用气象专业学者和农业气象服务工作者阅读，旨在帮助读者在遭遇农业气象灾害时能够做出合理决策。但本指南不是强制标准，也不可能包括全部作物气象灾害种类。读者可以在充分了解灾情状况及可利用资源等基础上，结合自身工作经验采取更加合理的应对方法。

本指南在编写过程中，得到了陈应志、郑大玮、吕厚荃、侯英雨等多位农业专家与气象专家反馈的宝贵意见，在此向他们表示衷心的感谢！同时，我们也将根据国内外的防灾减灾技术发展，继续对本指南进行不断更新和完善，也欢迎读者不吝指正。

编著者

2017年2月于北京

目　　录

第一章
冬小麦农业气象灾害防御

第一节　旱　灾

河北省大部属于半干旱半湿润地区。河北省冬小麦全生育期降水量少、降水变率大，风大、空气干燥、蒸发量大。冬小麦全生育期自然缺水率达30%～60%，春旱频率高达40%～80%，干旱常使冬小麦减产，一般减产率为5%～20%，最高可达40%以上。

河北省冬小麦干旱症状可分为三个等级：

轻旱：中午时上部叶片萎蔫，叶色转深，但很快恢复正常。

中旱：中午时分叶片缺水萎蔫，但至晚间蒸腾降低时仍可恢复正常。

重旱：中午至晚间叶片萎蔫，只有浇水才可恢复正常，历时稍久则植株死亡。

按照旱灾发生时期进行划分，可分为秋季干旱、冬季干旱和春季干旱，其中秋季干旱又可分为播种期与幼苗期干旱、冬前分蘖期干旱。

一、旱灾的类型

(一)秋季干旱

1. 播种期与幼苗期干旱

秋旱造成底墒不足,一般土壤含水量低于10%(手握土壤不能成团)时,种子难以吸收土壤水分,很难发芽和出苗,影响播种;土壤含水量低于15%(紧握成团,落地快速散开)时,抢墒播种也会推迟出苗时间和降低出苗率,造成出苗不齐、不匀,缺苗断垄,一般缺苗10%、减产5%~7%。播种期干旱,造成小麦出苗迟,缺苗断垄,叶片窄小,根系纤弱,生长受抑制;幼苗期干旱,不能形成壮苗,还易造成氮肥挥发损失。

2. 分蘖期干旱

底墒不足、抢墒播种的麦田,分蘖期表现为叶片小而窄,分蘖发生迟、生长慢。分蘖量少,不能形成壮苗,干旱严重的苗色转黄,不利于冬小麦安全越冬。

(二)冬季干旱

冬前若气温高,降水少,空气干燥,大风多,影响小麦安全越冬,常因干旱加重冻害,出现越冬期死蘖、死苗现象。当分蘖节和大部分次生根都处于干土层时,小麦叶片叶鞘严重干枯,可出现成片死蘖、死苗,存活植株返青迟缓、生长不良,分蘖大量退化。一般造成减产10%左右,严重时可达30%以上。

(三)春季干旱

春旱使小麦植株矮小,穗少、穗小,粒重降低,一般减产5%~20%,严重的达40%以上。春季干旱以拔节期到灌浆期干旱危害较重。

1. 小麦返青期至起身期干旱:影响春季分蘖,加重"倒春寒"危害。

2. 拔节期干旱:减低分蘖成穗率,亩穗数减少。

3. 孕穗至扬花期干旱:此期是需水临界期。干旱造成"卡脖苗",影响小麦成穗,使穗粒数减少。

4. 灌浆期干旱:影响灌浆,抗干热风能力降低,导致粒重降低而减产。

二、干旱防御措施

(一)建设旱涝保收高标准农田

平整土地,防止水土流失;增施有机肥,秸秆还田培肥地力,提高土壤保墒能力。干旱缺水地区应加强因地制宜修建各种蓄水、引水、提水、雨水积蓄工程及再生水利用;灌区搞好机井配套设施建设,提高水资源的利用率。

(二)选用节水抗旱的小麦品种

抗旱节水品种表现为抗旱性好、根系发达、分蘖力强,单位面积成穗数多;茎秆细实,叶片小而上冲,抗干热风,落黄好,遇旱时可有效减少水分不足的不利影响。

(三)合理耕作提高土壤储水保墒能力

在底墒好的情况下,适当深耕,可提高土壤的储水保墒能力,有效增加土壤对降水的积蓄量,促进小麦根系发育和养分吸收。秋旱年底墒较差,深耕会加重耕层失墒,影响出苗,应旋耕或免耕播种。秸秆覆盖可提高土壤蓄墒能力,但必须彻底将秸秆粉碎翻压,以免阻碍发芽出苗。

(四)推广抗旱节水栽培技术

1. 精耕细作,使麦田达到上虚下实,无明暗坷垃。底墒不足时,有灌溉条件的要在播前灌足底墒水,尽量不要在播后浇蒙头水以免造成土壤板结。有喷灌条件的也可在播后适量喷灌。墒情太差时不要勉强抢墒播种。

注:抢墒播种是有效的抗旱措施之一,因灌溉水源有限,还需要一个轮灌期,农时也很有限,生产上通常一部分抢墒播,一部分浇底墒水,有时还被迫播后再浇一部分。

2. 随着气候变暖适当晚播,防止旺长,降低苗期对水分的无效消耗。底墒足、整地质量好的田块,可免浇冻水和返青起身水。

3. 镇压划锄、中耕保墒。当耕层坷垃较多、秸秆还田后地虚，或灌水及雨后土壤板结龟裂时，松土可有效防止土壤水分蒸发。“锄头底下有水又有火”，返青后土壤返浆时，及时划锄，可切断土壤毛细管，减少水分蒸发；同时疏松土壤，增加降水渗入，提高地温，加速养分转化，消灭杂草，减少水分与养分的非生产性消耗。如冬季干旱多风，出现3～5 cm干土层，且天寒地冻时不宜浇水，应在白天地表松软时镇压，促使化冻水分沿毛细管上升，改善分蘖节水分状况。

4. 有灌溉条件、保墒能力强、整地质量好、选用抗旱节水品种的麦田，在返青到拔节前适度干旱胁迫，可促进根系下扎，增强后期小麦的抗旱能力。在小麦全生育期降水量为100 mm左右的年份灌好拔节、抽穗两次关键水，可实现节水高产。

5. 喷抗旱剂、根外追肥，可增强小麦的抗旱能力。开花到灌浆初期喷施1%～2%尿素溶液和0.2%磷酸二氢钾溶液，每亩用量50～75 kg，连喷2次，可增强后期小麦的抗旱能力。

6. 做好病虫害综合防治，延长叶片功能期，提高小麦抗旱能力。

三、旱灾补救措施

（一）小麦播后干旱补救措施

水地应提前安排好前茬作物收获时期与整地播种

工作，如秸秆还田，应尽量切碎深翻入土内，以利充分腐熟，并适当增加氮肥用量，均匀播种，使苗齐、苗全、苗匀。旱地应该做好伏雨秋用春用、纳雨蓄墒抢墒播种等各项准备工作。具体可采取秸秆覆盖或雨季前深耕翻充分纳雨，雨后及时耙耱保墒以蓄足底墒。播前高温干旱表墒差时，可适当增加播种深度，确保出全苗；播前持续高温干旱表墒太差时，应随时做好抢墒播种准备，以便有效降雨后及时播种。

对播后出现干旱的麦田出苗前不宜灌溉，尤其不能大水漫灌，以免造成土壤板结，严重影响出苗。可在播种后 5～7 d 小麦出苗平土时沟灌或喷灌。三叶期不能大水漫灌，否则会造成焖心烂种，对分蘖不利。

对因干旱缺苗断垄的麦田，要查苗补种和疏苗移栽。补种可以先浸种催芽，用 500 倍磷酸二氢钾浸种 6～12 h，促根壮苗，增加分蘖，增强抗性。疏苗移栽应在出苗后不久带土移密补稀，若过晚移栽则易伤根、成活率低且越冬易死苗。

冬前因整地质量差或秸秆粉碎不足，土壤架空造成干旱缺水，形成黄弱苗麦田，俗称“缩脖苗”。要及时浇水以补充水分塌实表土，否则难以越冬。如麦田未施底肥或土壤肥力不足，可结合浇水追肥。浇水后要及时中耕划锄保墒和防止土壤板结。

（二）春季干旱补救措施

对因干旱受冻的弱苗，应趁返青期土壤返浆的有利时机，划锄保墒，提高地温，一般不宜过早浇水；但遇到特大干旱，小麦难以生存时，应立即浇水。结合浇水，合理施肥，促进受旱、受冻麦苗转化。干旱麦田在气温骤降前及时浇水，可减轻“倒春寒”危害。

（三）中后期干旱补救措施

拔节、孕穗和灌浆期是需水的关键时期，有灌溉条件的麦田遇到干旱应立即灌水；无灌溉条件的麦田，应立即叶面喷水或叶面喷洒保水剂。

第二节　冻　害

冻害是我国黄淮海冬麦区和长江中下游冬麦区小麦生产的主要气象灾害之一，其中河北省是小麦冻害发生较为严重的地区，其发生频率虽低于干旱，但其造成的伤害和减产程度远超过其他各种灾害。

一、冻害主要原因

河北省冬小麦冻害的原因多种多样，主要有八种。

（一）品种选择不当

冬小麦播种后需要通过一定时间的低温条件，第二年才能正常拔节抽穗，这个时期称为春化阶段。各类品种通过春化阶段需要的低温程度和日数不同。冬性品种在 0～3 ℃、30～50 d 可完成春化阶段；半冬性品种在 0～7 ℃、20～30 d 可完成春化阶段；春性品种在 0～12 ℃、5～15 d 即可完成春化阶段，有些春性品种无须春化处理也能抽穗。通过春化阶段之后的小麦抗寒性会显著降低。半冬性或春性品种若播种过早，冬前通过春化阶段后进入起身、拔节期，冬季若遇到 0℃以下的寒潮，其主茎或大分蘖就会冻死。

（二）气温骤降

秋季气温逐渐降低，可使小麦受到抗寒锻炼，抗寒性增强。如果在气温较高的天气情况下，幼苗期突然降温至 0 ℃以下，会使小麦叶片受冻。如果在小麦停止生长前持续偏暖，而后气温大幅突降，缺乏抗寒锻炼的麦苗即使在暖冬年也有可能发生死苗。

（三）播期过早或过迟

春性品种播期过早，幼穗分化提前，会在寒潮来临时遭受冻害。即使是冬性品种，播种过早也会发生叶片叶鞘徒长，冬季严重冻枯，生长锥提前分化的主茎和大蘖容易冻死。播种期过迟，形成弱苗，也易造成冻害。

（四）播量过大

播种量过大的麦田，麦苗簇集在一起，蹿高旺长，麦苗纤细;旺长麦田小麦体内积累与贮存的养分少,抗寒性降低,容易遭受冻害。

(五)播种方式不当

撒播或播种过浅的麦苗根系入土较浅,分蘖节太浅甚至露出地表,越冬期极易受冻受旱死苗。黏重和板结的土壤,浅播麦苗经反复融冻形成凌抬现象,拉断麦根,并使分蘖节露出地表,造成死苗。

(六)不同土壤条件

沙壤土、淤土、两合土上种植的小麦,冻害现象比较轻。而黏土上种植的小麦,一旦深播则出苗困难,形成弱苗,地中茎长,养分消耗多。加上黏土容易板结,形成大量裂缝,冷空气侵入小麦根部易造成冻害。沙土由于热导率高和昼夜温差大,在冷空气入侵时土温更低,也容易发生死苗,尤其是密度较稀的弱苗更容易死苗。

(七)耕作不合理

基于播种、整地粗放,地不平或播种机脚高低不一致,造成麦种落土深浅不一,形成部分弱苗;或因坷垃大及土壤板结,不利于根系下扎,麦苗素质差,同时冷空气易侵入土下,冻伤根系;或覆土不匀,形成的裸子苗易受冻害;低洼易涝地区,若排水不良,易发生冰冻现象,造成根拔或冰盖窒息死苗。

(八)施肥不当

冬前缺肥的田块,麦苗黄瘦,叶片小,生长缓慢,分蘖少,积累的糖分少,不耐冻,在气温骤降时易受冻害;底施氮肥过多而磷肥不足的地块,氮肥催得麦苗叶长株高,旺而不壮。肥多旺长的田块,冻害较重。

二、冻害的类型

河北省冬小麦冻害可分为三种:冬季冻害、早春冻害、春末晚霜冻害与低温冻害。

(一)冬季冻害

冬季冻害是冬小麦进入冬季后至越冬期间由于寒潮降温引起的冻害。极端最低温度的高低及其持续时间和冷暖骤变的剧烈程度决定冬小麦受损害的程度。严重时旺苗和壮苗的主茎和大分蘖冻死,心叶干枯,弱苗则多为小蘖冻死,若存活茎数不足可造成明显减产;冻害较轻时仅部分叶片黄白干枯,对产量影响不大。

冬小麦冬季冻害又可分为三类:

1. 初冬温度骤降型(11—12 月)

小麦越冬前突遇气温骤降天气,因抗寒锻炼不足,苗质弱、整地差、土壤孔隙大及缺墒的麦田会受冻害。播种过早或因前期气温高而生长过旺的小麦更易受害。

2. 冬季严寒型(12 月下旬—翌年 2 月初)

冬季有 2 个月以上日平均气温较常年偏低 2 ℃以上,并多次出现强寒流时,会导致小麦地上部分严重枯萎甚至成片死苗。冬前积温少、麦苗弱或秋冬土壤干旱的年份受害更重。

3. 越冬交替冻融型(12 月下旬—翌年 1 月底)

小麦正常进入越冬期后出现回暖天气,气温升高,土壤解冻,幼苗一度恢复生长,但抗寒性明显减弱。暖期过后,若遇大幅度降温,会发生较严重的冻害。外部症状是叶片干枯严重,先枯叶后死蘖。

根据冬小麦受冻后的植株症状表现可将其冬季冻害发生的程度分为两类:

1. 严重冻害

对于春性或弱冬性品种严重冻害主要发生在已拔节或即将拔节的麦田,主茎和大分蘖的幼穗受冻,生长点不透明,萎缩变形,失水干枯,严重影响产量。对一株小麦来说,主茎和大分蘖比小分蘖先进入拔节期,易受冻害;而小分蘖发育进程慢,一般不会受冻。主茎和大分蘖受冻后及时采取肥水促进措施,小分蘖可以抽穗,但穗小、粒轻。对于冬性品种,在抗寒锻炼很差和冬季严寒、多风少雪的年份,虽然幼穗发育不明显,但旺苗和弱苗也有可能发生较严重死苗。

2. 一般冻害

晚播的春性和弱冬性品种冬前一般不会拔节，冬性品种即使早播冬前也不会拔节，冻害症状表现为叶片受冻、黄白干枯，但主茎和分蘖都没有冻死。这类冻害对春性品种的产量有一定影响，对弱冬性品种的产量影响较轻，对冬性品种基本没有影响。

（二）早春冻害

早春冻害是冬小麦返青至拔节前（2 月中旬—3 月下旬），因寒潮来临发生的冻害，其中发生偏晚的也称春霜冻害。近几年，随着品种变更，早春冻害已成为限制冬小麦产量的重要因素，有时比冬季冻害还严重。

早春冻害主要是主茎、大分蘖幼穗受冻，形成空心蘖，外部症状表现不太明显，叶片轻度干枯。一般晚播麦比早播麦受害轻，发育越早的植株越容易受冻。田间常出现主茎冻死、分蘖未被冻死，或一个穗子部分被冻死、籽粒严重缺失，显著影响产量。早春冷暖骤变和冻融交替还会造成死苗。

（三）春末晚霜冻害与低温冻害

春末晚霜冻害多发生于 3 月末—4 月上中旬，河北省中北部（保定、廊坊、唐山一带）多在 4 月中下旬，此时气温已逐渐转暖，又突遇寒潮，所以常把晚霜冻害叫作“倒春寒”。降温幅度大、低温持续时间长，小麦受害重。有些年份会出现多次春末晚霜冻害，尤其是早播春性品种更易受害。

春末低温冻害多发生于4月上中旬的小麦拔节后期到孕穗期，河北省中北部可发生在4月下旬—5月初。以花粉母细胞形成到四分体期对低温的抵抗能力最弱，此时若遇到最低气温在4℃以下的寒潮降温，就容易导致花粉败育和幼穗受冻。受害麦株茎、叶无异常，受害部位多为穗。表现为："哑巴穗"，即幼穗干死在旗叶叶鞘内；白穗，即抽出的穗只有穗轴，小穗全部发白枯死；半截穗，即抽出的穗仅有部分结实，或不孕小花数大量增加，减产严重。

三、冻害预防措施

(一)选用适当的抗寒品种

根据当地冬季气候特点选用适度抗寒品种，河北省北部麦区应选用冬性和强冬性品种；中部和南部早播应分别选用冬性和弱冬性品种，晚播选用弱冬性品种。春性品种除南部背风向阳有利地形的晚播小麦外，不要轻易使用。

(二)提高播种质量

按照冬前应达到的壮苗标准(主茎5～6叶，2～3个分蘖，北部略多，南部略少)掌握播种适期。播种深度全田一致，北部应达到 3～4 cm，南部不少于 2 cm。播前精细整地，力求平整，上虚下实。按照播期调节播量，避免冬前过旺或太稀。底肥中要有适量的磷钾肥，避免单一过多施用氮肥。

（三）适度控制旺苗

冬前和初春出现旺长的麦苗，要及时镇压并在起身期喷施壮丰安，适度抑制生长，预防冻害，并提高抗倒性。

（四）灌水预防冻害

河北省中北部麦区如土壤墒情不足，要在入冬前浇水。春季在寒潮前灌水，可以调节近地面的小气候，对防御春季霜冻害有很好的效果。

四、冻害补救措施

（一）因苗施肥浇水

对于冬季受冻麦田，应于返青期利用墒情较好、土壤返浆的有利时机，每亩追施三元复合肥（氮、磷、钾含量各 15％）10～15 kg，促分蘖成穗。早春还应及早划锄，提高地温，促进麦苗返青。春季受冻麦田，应该分类管理：冻害轻的麦田和受冻弱苗以促进温度提高为主，产生新根后再浇水；冻害重的麦田可以早浇水、施肥，防止幼穗脱水死亡；幼穗已受冻害的麦田，应追施速效氮肥，每亩* 施硝酸铵 10～13 kg 或碳酸氢铵 20～30 kg，并结合浇水中耕松土，促使受冻麦苗尽快恢复生长。

(二)严重受冻麦苗的处置

死苗极严重，存活茎数大穗型品种每亩不足 10 万、多穗型品种不足 15 万的应当机立断，尽快改种其他早春作物。但受冻旺苗即使外表全部枯黄，主茎和大蘖都已死亡，但小分蘖大多存活，仍有可能成穗。应先用耙子狠耧枯叶，尽早浇水施肥，促进存活心叶从枯萎叶鞘中伸出。

(三)中后期肥水管理

受冻小麦由于养分消耗过多，后期容易发生早衰，在春季追肥的基础上，应该视麦苗生长发育状况，依其需要，在拔节期或挑旗期适量追肥，普遍进行磷酸二氢钾叶面喷肥，促进穗大粒多，提高粒重。

(四)加强病虫害防治

小麦受冻害后，自身长势衰弱，抗病能力下降，易受病菌侵染。要随时根据当地植保部门测报进行药剂防治。

---

* 1 亩 = 1/15 hm^2，下同

第三节　高温热害

冬小麦属于喜凉植物，对于高温胁迫反应比较敏感。0 ℃是小麦停止与开始生长的界限温度，日平均气温 1～3 ℃，小麦开始缓慢生长，并能分蘖；在 10 ℃以上的条件下，小麦就能抽穗开花；20 ℃是灌浆的适宜条件；超过 25 ℃会加速小麦发育，缩短生育期，不利于有机物质的积累；达到 30 ℃，小麦会受到高温和干热风的危害；40 ℃左右，则会因高温致死。生育前期的相对高温虽然不会直接对小麦造成伤害，但往往导致生长发育失衡，生育中后期更易受到高温热害的影响。

河北省冬小麦高温热害按受灾时期主要分为三种类型：秋末冬初高温、早春高温和夏初高温。

一、高温热害的类型

（一）秋末冬初高温

播种至出苗期遇到持续高温，除加重干旱外，还会造成出苗加快，麦苗细弱，叶片徒长，分蘖缺位，根系发育不良，次生根发育滞后，根冠比例失调，由于茎伸长过快，使分蘖节入土深度变浅，增大了越冬受旱受冻的风险。同时容易缺苗断垄。出苗至越冬期遇到气温持续偏高，往往造成麦苗旺长，越冬群体过大，早播春性和弱冬性品种提前穗分化甚至拔节，抗冻能力下降，一旦遇到低温寒流或大雪降温，会造成冻害。

（二）早春高温

小麦起身拔节期如气温明显偏高，会使小麦节间变长不利于抗倒伏，加快穗分化进程减少小穗数，抗寒能力下降易受倒春寒的危害，加重春旱和叶枯病、蚜虫、红蜘蛛等病虫害。

（三）夏初高温

小麦灌浆期高温灾害性天气主要有干热风和雨后青枯。干热风是指日最高气温在 30 ℃以上，空气相对湿度在 30%以下，风力在 3 级以上，持续 2 d 以上的高温天气。小麦受害表现轻者麦芒和叶尖干枯，颖壳发白，重者叶片、茎秆和麦穗灰白及青干枯死。雨后青枯的主要特征是在小麦成熟前一周左右，降雨前气温由高到低、降雨后气温由低到高呈 V 字形剧烈变化，小麦烂根，植株迅速脱水死亡，茎秆和穗部变为青灰色，麦芒炸开。由于灌浆不足，造成小麦籽粒瘪瘦，一般减产 10%～20%，同时品质降低。

二、减少高温热害影响的措施

针对河北省冬小麦高温热害类型不同，减灾措施也不尽相同。

(一)秋末冬初高温

1. 推迟播期

由于随着气候变暖,冬小麦播前气温较往年偏高和近年来的暖冬趋势,应适当将冬小麦播期推迟 5～7 d,防止小麦越冬前旺长,以育成壮苗。

2. 精量匀播

冬前高温促使小麦苗期个体发育,易形成较多的分蘖,早播应适当减少播量,有效降低基本苗,防止群体过大。

3. 耙耱镇压

冬前小麦苗期遇到高温后,生长量增大,个体生长快,遇寒流极易受冻。耙耱镇压,主要造成麦苗部分叶片受损,抑制地上部分生长过快过旺,由旺转壮实现壮苗越冬。时间掌握在 12 月上、中旬,选择晴天下午进行,一般采用人工顺垄踩压,或镇压 1～2 次。镇压时要注意:地过硬,地大冻时不压;地过湿有霜时不压;有大风降温时不压。

4. 中耕断根

对于各类高温形成的田间群体过大的旺长麦田,可用锄隔行深中耕 8～9 cm,切断部分麦苗根,减少养分输送,控制小麦生长过旺。

5. 化学调控

对于冬前高温旺长麦田,每亩用 20%多效唑可湿性粉剂 40～60 g，或 40%壮丰安乳油 35～40 ml，或麦业丰 30～40 ml，兑水 35 kg，均匀喷洒，可抑制冬前小麦生长过快，达到控制旺长、实现壮苗的目的。

（二）早春高温

早春高温旺长麦田要特别注意预防低温或“倒春寒”，注意收听收看天气预报，遇到降温，应提前灌水防冻。一旦发生冻害应及时追肥浇水进行补救，降低损失。

1. 深中耕

深中耕可以切断部分根系，控制根系营养吸收，同时清理越冬后的退化小蘖老叶，有利于麦田通风透光，有蹲缩小麦基部茎节作用，防止后期倒伏。

2. 春肥后移

推广春氮后移技术，推迟春季施肥。对于长势较好、群体过大的麦田一般每亩施尿素或磷酸二氢铵 5～10 kg，有利于蹲节控旺，既可防止倒伏，又可提高大分蘖成穗率。一般推迟到拔节后期，群体太大的也最多推迟到孕穗初期，过晚施肥或氮肥数量过多会导致后期贪青，降低灌浆期抗高温能力。对于长势不好、早春冻害较重的麦田，要在起身后及时浇水，同时亩施尿素 7～10 kg，以促蘖成穗，增加粒数。

3. 化学防控

喷施生长延缓剂烯效唑、多效唑或壮丰安，一般每亩烯效唑用量 30～35 g，多效唑用量 35～41 g，壮丰安用量 40～50 ml，加水 35～40 kg 喷施。

（三）夏初高温

1. 浇好灌浆水

在小麦扬花后 10～12 d，适时浇好灌浆水，切忌大水漫灌，掌握“风前不浇，有风停浇”的原则。

2. 重视叶面喷肥

小麦灌浆期喷施磷酸二氢钾 2～3 次，每次亩用磷酸二氢钾 150～200 g，优质小麦和缺肥发黄的麦田每亩增加 0.5～1 kg 尿素，兑水 40～50 kg 均匀喷施，可延长叶片青枯衰老，预防高温逼熟、叶片青枯和干热风危害。

3. 氮硫配合，重施硫肥

结合灌溉或降雨，每亩施尿素和硫酸铵各 5～10 kg，有利于氮素积累，增加籽粒蛋白含量，对改善小麦品质有着重要作用。春季施肥要避免氮肥数量过多造成贪青晚熟。

4. 防止过晚播种和促早发

灌浆期高温对根系发育不良的晚播麦的危害远大于适时麦，早春低温返青晚的年份更容易发生干热风或雨后青枯危害。生产上应避免过晚播种，力争带蘖入冬。适当增施磷肥，结合早春划锄，促进根系发育。

第二章 玉米农业气象灾害防御

第一节 冷 害

河北省平原地区主要是夏玉米或套种玉米区，山区则以春玉米为主。有些年份夏季温度低，平原为不延误种麦而砍青收获玉米形成冷害。海拔较高山区有的年份也因发育期延迟，到秋霜冻前仍未成熟的。从发生时间看玉米冷害主要发生在苗期和生育后期，河北省主要可能受到生育后期冷害影响。

一、冷害的类型

（一）苗期低温

河北省春玉米出苗期在 4 月下旬—5 月中旬，套种玉米出苗期大约在 5 月下旬，此时日平均气温约为 18～20 ℃，比较适宜玉米出苗。春季持续低温会影响玉米出苗和生长，日平均气温连续 3～4 d 降到 10 ℃左右玉米苗就会发生叶尖枯萎，日平均气温在 8 ℃以下持续 3～4 d 可发生烂种或死苗。

(二)延迟型冷害

生育期间温度持续偏低,发育期延迟,不能在霜前正常成熟而减产,在北方很常见。华北地区以夏季低温为主,表现为抽穗推迟,灌浆期缩短,籽粒不饱满。平原夏玉米表现为小麦播前砍青,山区春玉米主要表现为因贪青晚熟受秋霜冻危害。

二、冷害预防措施

(一)根据地区热量条件合理布局品种

高寒地区或复种下茬热量紧张地区应选用早熟品种,应做到能在霜前或在下茬播种前正常成熟 80%。20 世纪 80 年代以来由于气候变暖和从播种到收获所消耗的农时缩短,各地普遍采用了熟期更长的玉米品种,但需要注意生育期的延长不能超过气候变暖或农耗减少的程度,否则会人为造成新的冷害。

(二)适时早播

高寒地区在日平均气温超过 10 ℃前就要开始播种春玉米。夏玉米要努力缩短农耗,早播 1 d 可提早 3 d 成熟。春旱也是山区春玉米晚播的重要原因,推广抗旱播种技术可加快播种进度。

(三)选用耐冷早熟高产品种

法国和加拿大都是因为选育出早熟耐冷品种才使

玉米种植地带大大北移，面积和单产都增长数倍。

（四）促苗早发

增施有机肥和苗期松土可提高土温促苗早发，磷钾肥能提高玉米苗的抗性，低温下用微量元素浸种可提早出苗。

（五）育苗移栽

育苗移栽可延长有效生长期，确保早熟增产，但因费工、成本高，目前尚无理想的移栽机，只是在劳动力充足的地区才有可能推广。

（六）地膜覆盖

该方法在高寒地区能显著提高地温和保墒，一般白天提高（5 cm 地温）3～5 ℃，播期可提前 15～20 d，可采用生育期更长、增产潜力更大的品种，亩产一般能增加 100～150 kg。但需相应增施化肥防止后期脱肥。又因发育期提前后期易遇“卡脖旱”，而薄膜的保墒效果到后期会减弱，需要及时补水。长期使用薄膜会破坏土壤结构，收获后应尽量将薄膜拣拾收回。目前国内外都在开发推广可降解薄膜取代普通薄膜。

第二节　旱　灾

河北省大部属于半干旱半湿润地区。1997 年和

1999—2001年中国东北、华北春夏持续严重干旱，导致玉米减产。

一、干旱的类型

玉米干旱主要有三类：春旱、初夏旱、秋旱。

（一）春旱

影响播种出苗和苗期生长。

（二）初夏旱

对于春玉米又称“卡脖旱”，影响抽雄吐丝，对产量影响最大。对夏玉米则影响播种出苗和苗期生长。

（三）秋旱

影响灌浆和粒重。

对春玉米而言，春旱和初夏旱的危害最大；对夏玉米而言，初夏旱和秋旱的危害最大。盛夏正值雨季高峰，只有极个别年份发生夏旱。

二、玉米干旱的土壤水分指标

春播出苗期最低土壤含水量，黏土为17%，壤土为13%～14%，沙壤土为12%，沙土为10%。沙壤土轻微受旱的土壤含水量为14%～15%，严重受旱为10%～11%，枯萎时为7%～9%。黏土则要分别增加2%～3%，沙土则分别减少2%。

抽雄吐丝期为水分临界期，对水分亏缺十分敏感，土壤水分含量必须保持在田间持水量的70%～80%。不同土壤的萎蔫系数为：粗沙土1.0%，细沙土3.3%，沙壤土6.5%，壤土9.9%，黏土15.5%。

三、干旱防御措施

（一）选用抗旱品种

在水源不足干旱又频繁发生的地区，应采用抗旱品种，抗旱品种通常具有叶窄、茸毛密、根细长的形态特征。

（二）提高植株抗旱能力

播前将种子吸湿后风干，反复三次进行抗旱锻炼再播种，能显著提高抗旱能力。

（三）平整土地，深翻改土

平整土地可控制水土流失，提高灌溉效率。深翻并培肥土壤后可增加孔隙度，提高土壤的保水蓄水能力，成为“土壤小水库”。还可促进根系深扎，能利用深层土壤水分，提高作物的抗旱能力。

（四）采用抗旱播种法

玉米的抗旱播种法有抢墒播种、提墒播种、找墒播种和造墒播种。抢墒播种即在干土层不超过3 cm和日平均气温稳定达到7～8 ℃时，充分利用化冻土壤水分，不等表土变干抢早播种；提墒播种即在干土层达 6 cm 时镇压，可提高土壤含水量 3%左右，再播种可争取全苗；找墒播种即深播浅盖，在干土层已达 7～10 cm 时，豁开干土将种子种在湿土上，然后浅覆土并踩实；造墒播种即在干土层很厚、底墒很差时，将有限的水源集中应用于沟或坑内坐水播种，玉米坐水播种机可大大加快播种进度和节省劳力，每亩约需水 10 m^3。

（五）根据降雨的气候规律调节播期

低海拔丘陵山区准备生育期长度不同的两套种子，春季墒情好则用中晚熟品种；如墒情不好，则有水源和离村近的坚持造墒坐水播种，离村远和无水源的等雨晚播，但也要事先整好地、备足肥，一旦有雨立即抢播，适当加大播种密度，仍可获较高产量，比单纯抗旱播种的效益要好。

（六）抑制土壤蒸发

干旱时中耕松土可切断毛细管，阻止土壤水分进一步蒸发并促根下扎。春玉米一般在拔节到大喇叭口期间中耕，秋旱时可浅锄保墒。夏玉米因农时紧张，气温高，蒸发强，耕翻过度会加大土壤水分散失，一般采取免耕或仅旋耕一次即播种。有条件的可将前茬小麦秸秆粉碎覆盖，有显著的保墒作用。

(七)合理灌溉

北方春玉米常年应在拔节到大喇叭口期浇水，夏玉米则视雨量适时补墒。

套种玉米多数年份要注意浇好麦黄水或播后立即浇水，创造底墒。有些年份麦收后干旱还需浇一水。灌浆期遇秋旱仍需浇水。

(八)施用生长调节剂

(1)萘乙酸浸种，微量元素中的硼、铜都可提高抗旱性。

(2)ABT 生根粉可提早出苗，促进根系发育。

(3)抗蒸腾剂 FA(黄腐酸又称抗旱剂)可抑制气孔开放，减少水分丧失。

但抗蒸腾剂本身并不能带来水分，在需水临界期作物严重受伤前施用才能获得最大效果，时机不当或过于干旱时施用效果不大。

第三节　涝　灾

玉米生长盛期正是中国大部地区的雨季，低洼地易受涝。1994 年 7 月 12—13 日河北东部降雨 400～500 mm，造成大片玉米绝收。

一、涝灾原因

玉米的抗涝性在不同生育期差别很大。玉米播种到三叶离乳期受涝对发芽和幼苗生长有严重影响，农民称为“芽涝”或“奶涝”，是夏玉米生产上最严重的灾害。其中又以播后 2～3 d 为最敏感期。芽涝不但造成严重缺苗，而且残存幼苗生长极为衰弱，发育期延迟，如无特殊补救措施产量必定大减。幼苗期很不耐涝，拔节后抗涝能力大大增强，开花到乳熟期具有很强的抗涝能力，轻度受涝后如无明显高温胁迫不一定减产。

受涝后，由于玉米根系呼吸和好气性微生物活动受抑及土壤养分的淋失，根系吸收的养分减少。氮素的流失导致叶绿素含量下降，光合能力减弱。长期积水土壤通气不良还造成土壤嫌气性微生物活动占优势，产生甲烷、氨、硫化氢、氧化亚铁、低价锰等有毒还原性物质。玉米受涝，下部叶片先枯黄，中上部叶片色变浅，发育期大大推迟，往往不能正常成熟。当积水没顶时会造成死苗。受涝玉米根系发黑则是中毒的症状。涝害还往往伴随光照不足，吐丝期阴雨连绵会严重影响授粉造成缺粒减产。

二、影响涝灾程度的因素

(一)品种特性

国外试验抗涝性不同的品种在受涝后产量差别在30%以上。

(二)发育期

萌芽阶段以种子吸胀和主根伸长期最敏感,出苗后以拔节前最敏感,受涝越早危害越大。受涝后粒数减少最明显,千粒重受影响相对较小。

(三)淹水时间和深度

淹水持续时间越久,淹没越深,减产越多。

(四)温度

同样受涝,夏涝因温度较高使氧的溶解度降低和根呼吸加剧,玉米的受害程度重于春涝。受涝后如遇高温暴晒植株会很快枯死,如持续阴凉有风则退水后容易恢复。

(五)肥力

土壤中氮素养分多可以减轻受涝后的氮饥饿。

三、涝灾防御措施

(一)选用抗涝品种

(二)开沟排水

(三)起垄栽培

平原地区玉米普遍起垄栽培以利雨后排水。开花前到蜡熟初不同时期受涝,垄作都比平作增产20%以上,淹水时间越长增产越多。

(四)提早播种

提早播种对夏玉米尤为重要,受涝时苗龄越大受害越轻。

(五)提高肥力增施氮肥

受涝后土壤养分大量流失,施氮肥可促进玉米恢复生长,低肥地施氮肥效果尤为显著。

(六)喷施生长调节剂

研究表明,玉米五叶期如不受涝,喷多效唑比喷水可增产5.3%,受涝后喷多效唑可增产9.5%。

第四节　风　灾

一、风灾对玉米的影响

玉米遭遇风灾影响比较严重,主要会造成茎秆倒伏和折断,影响水分、养分输送。如倒折严重,伤口以上部分枯死,则光合作用和灌浆停止,减产十分严重。如中后期仅倒伏未折断,茎秆还能弯曲向上生长进行光合作用,仍有一定产量。大喇叭口期植株已较高,但气生根尚未充分发生,植株头重脚轻易倒伏,此期植株对大风最为敏感。风雨交加时倒伏和倒折更加严重。

二、预防玉米倒折的措施

(一)选用抗倒品种

根系发达、茎秆坚硬且富有弹性的玉米品种抗倒伏能力强,如掖单系列品种茎秆韧性好,抗风力特强。

(二)防治病虫害

特别是茎腐病和玉米螟。

(三)合理密植

密度过大茎秆细弱易倒折。

(四)合理灌溉

除非干旱极其严重,否则拔节前不宜浇水,即蹲苗,使基部节间缩短,可增强后期抗倒伏能力。

(五)合理施肥

防止片面多施氮磷肥,多风地区每亩可适当增施10～20 kg 硫酸钾。

(六)勤中耕

春玉米和套种玉米苗期勤中耕可促进根系发育和下扎,控制节间伸长,增强后期抗倒伏能力。

(七)营造农田防护林

农田防护林可有效削弱保护带内的风速,但需控制适当密度,因过密林带的一定距离内易产生空气涡旋反而加重倒伏。

第五节　雹　灾

一、雹灾对玉米的影响

冰雹能砸毁撕裂玉米叶片,使光合作用减弱,严重时砸断茎秆。还可引起地温下降造成生理障碍。雹灾轻则减产10%～20%,重则减产50%～80%,甚至绝收。冰雹往往和雷雨大风相伴随而加重危害。

不同生育期以大喇叭口期受灾减产最重，乳熟期减产很少，只要穗节未被砸断，就能恢复生长并吐穗。苗期遭受雹灾后，只要残留根茬，恢复能力都很强。

二、雹灾补救措施

（一）人工消雹

人工消雹虽效果较好，但成本很高，目前尚难广泛普及，在生产上要注意的是在雹灾后不要轻易毁种，应采取正确的补救措施。

（二）苗期补救

苗期顶部叶片受伤枯死粘连时，要割去叶尖，促进新叶伸出。雹后及时松土通气，破除板结。破碎叶片仍有光合能力，只要不枯死粘连就不要去掉。应及时追氮肥以促进残存叶片的光合作用和新叶的伸出。

（三）生育后期补救

生育后期严重受害已不能成熟的，可作为青饲料玉米继续种植。

毁灭性雹灾要根据秋霜前还剩多少积温，而决定补种或改种何种作物。

第六节　热　害

玉米遭遇高温，可引起气孔关闭，呼吸增强，消耗增多，试验证明 40 ℃时的光合作用要比 30 ℃时降低 20％～30％。气温高于 33 ℃时不利于开花授粉，高温干燥时花粉易很快丧失水分而失去萌发力。灌浆期当日平均气温高于 25 ℃时不利于干物质的运输和积累。

一、热害指标

以中度热害为标准，苗期热害指标为 36 ℃，生殖生长期为 32 ℃，成熟期为 28 ℃。玉米在苗期最耐高温。

二、热害防御措施

选用相对耐高温的品种，早春玉米适当早播、地膜覆盖和育苗移栽，可将开花授粉期及灌浆期提前，以避开高温期。

增施肥料，促进苗壮，也能减轻热害的损失。喷施锌、铜等微量元素或脱落酸可提高玉米植株的耐热性。

浇水可降低地温和近地面气温，减轻高温危害，但应避开白天高温时段。

开花授粉期遇高温危害可进行人工授粉以减少籽粒不孕。

第三章
棉花农业气象灾害防御

第一节　旱　灾

河北棉区位于我国棉花种植北界，该区南北跨度大，相差 4°(纬度)，气候差异明显。棉花是河北省主要经济作物之一，但与小麦和玉米相比，其单产极不稳定，单产变异系数是小麦和玉米的 4 倍左右。

河北省水资源紧缺，每公顷平均水量只有全国平均值的 1/10，人均水量是全国平均值的 1/8。且降水集中，年际变率大，年内分布不均。棉花生育期降水 440 mm 左右，6—8 月份降水量占全年的 70％以上，且降水强度大，农业利用价值低，容易出现干旱。棉花虽然是比较耐旱的作物，但严重的干旱仍然是造成棉花减产的常见灾害。

一、旱灾的类型

（一）春季干旱

1. 播种出苗期干旱

棉花出苗要求的土壤水分相对湿度下限，黏土为18%，壤土为15%，沙壤土为12%，沙土为10%。春旱使棉花播种难以适时进行，播后出苗困难，即使勉强出苗，易致根系早衰。但土壤过湿，不利种子萌发出苗、甚至霉烂，降低出苗率。

2. 苗期干旱

河北省6月上旬高温少雨天气出现的概率较高，而此时棉株即将现蕾，需水量增加，此时干旱对棉田影响较重，会造成生长缓慢，沙壤土水分少于10%会出现轻度萎蔫。干旱严重时，将推迟现蕾期，但降水过多又易引起棉苗徒长。

（二）夏季干旱

1. 蕾期干旱

初夏干旱使棉花营养生长受到抑制。土壤相对湿度降至55%以下时，易引发干旱。现蕾期初夏干旱发生频繁，如果天气持续干旱，会造成棉株上部3～4片叶颜色发暗，营养生长受到影响。如蕾期水分过多，轻者使植株生长过旺，严重时引起花蕾大量脱落，土壤相对湿度达到85%以上时就会发生渍害。

2. 花铃期干旱

夏季气温高，蒸发量大，棉株生长旺盛，耗水量也大，抗旱能力下降，干旱可造成蕾铃脱落。

3. 吐絮期干旱

吐絮期土壤受旱，会加速衰老，影响种子生长和纤维合成，影响棉纤维生长。

二、旱灾预防措施

（一）播种出苗期

播种前如果土壤相对湿度小于65%，且未来一段时间无明显降水，则应灌溉底墒水，保证棉花足墒播种。

播种后出苗前如遇雨土壤板结，要及时耙地，松土通气，以利于出苗。

（二）苗期

棉花苗期需水不多，一般播种前灌溉过的棉田苗期不必灌溉。如遇干旱，需要浇水，采用隔行沟灌，浇后及时中耕破除板结。

（三）蕾期

土壤相对湿度在55%以下时进行轻灌，一般采用隔沟轻浇的办法，灌溉后进行中耕除草。

（四）花铃期

当棉田耕层土壤相对湿度小于55%时，要及时浇水。追施花铃肥，补施“盖顶肥”。在三伏期间以氮肥为主，中后期根外喷磷钾肥，有利于增枝保蕾、提高衣分率和秋桃盖顶。

（五）吐絮期

棉花吐絮期虽然需水量较小，但保持适宜的水分是提高产量和质量的重要措施。通常这一时期棉田所含水量能够满足棉花生长需要。但在秋季干旱年份若土壤水分含量不足，会影响产量，可及时浇水，浇水方法以小水沟灌为宜。

第二节　连阴雨

连阴雨是指连续阴雨3 d或以上的天气现象，连阴雨天气有利有弊。在少雨干旱之后出现的短时阴雨，能缓解旱象，但在作物生长发育盛期遇持续阴雨天气，土壤和空气长期潮湿，日照严重不足，使作物生长发育不良及产量和质量受到影响。连阴雨的危害程度因发生的季节、持续的时间、降雨量大小、生育期等不同而异。

一、连阴雨对棉花不同发育期的影响

(一)苗期

连阴雨天气,地温回升缓慢,幼苗长势偏弱,立枯病、炭疽病发生较重,部分棉苗会出现黑根、烂根、枯死现象。

(二)花铃期

花铃期遇连续阴雨天气,则热量不足,造成棉铃成熟度不高,纤维品质较差。雨后板结,土壤水分处于饱和状态,棉株地上部生长过快,节间细长,叶片微黄、偏小,地下部根系发育不良,根系浅而少,吸收能力差,黄萎病危害严重。部分地块会导致棉株徒长、营养体过大、田间郁闭、蕾铃大量脱落,还可导致烂铃。

二、连阴雨的防御补救措施

(一)苗期

棉花生育盛期多连阴雨的地区,间苗定苗时掌握密度不宜过大。要及时控制苗期病害,培育壮苗,促苗早发。苗期应选用合适的杀菌剂,控制低温阴雨引发的病害。病害严重时,要扒土晒根,控制病害蔓延。

(二)花铃期

大雨后要尽快排除积水,及时扶理棉株,并抓紧中耕培土和化控。

花铃期适时采取打顶、打边心、抹赘芽等措施，增强田间通透性。就一个地区而言，旱薄棉田打顶时间易稍早，水肥条件较好的棉田打顶时间易稍迟，一般掌握在当地初霜前 80～90 d 进行打顶为宜，另外，应适时打老叶、剪空枝、抹赘芽、摘边心，以增强田间通透性。

(三)吐絮期

1. 根外追肥

棉花吐絮后，根系的吸收能力下降，叶片的光合作用功能减弱，棉株趋于衰退。为了补充一定的养分，防止早衰，可进行根外追肥，以延长叶片的功能期。可用尿素和硫酸钾配成 1% 的水溶液或直接购买高效叶肥(如爱多收、美地那液肥以及垦易有机肥等)使用。每隔 7～10 d 喷 1 次，连喷 2～3 次，可提高产量，改善棉花品质。

2. 整枝和推株并垄

棉花吐絮后，对肥水充足、枝叶繁茂的棉田，可将主茎下部老叶和空枝剪去，以改善棉田通风透光条件，防止郁蔽，促使棉铃提早成熟吐絮，并可减少烂铃，对贪青晚熟、郁蔽严重或因连阴雨而湿度较大的棉田，可采用推株并垄的措施，即趁土壤湿润时，将相邻两行视为一组，每组的两行推并在一起呈八字形，5～7 d 后，再以同样的方法，将相邻两组的相邻两行推并成八字形。这样，每行棉花的两侧及行间地面都可受到较充足的阳光照射，起到通风透光、增温降湿的作用，可促进棉铃成熟吐絮，减少烂铃损失。

3. 全程化控

施用生长调节剂全程化控是减轻连阴雨影响，防止棉花徒长的有效措施。如施用缩节胺，蕾期用量 7.5～15 g/hm^2，初花期 22.5～30 g/hm^2，盛花期 45～60 g/hm^2，打顶前后 60～75 g/hm^2，可达到控制效果。但后期施用要特别注意看天看地看苗，徒长不明显的不必施用，以免过度抑制生长。

第三节　雹　灾

北方冰雹常在麦收前后发生，此时正值棉花现蕾期，轻则断枝损叶，重则断头光秆，甚至砸烂主茎造成死株。但棉花的再生能力很强，只要主茎上留有子叶节，就能够恢复生长并获得一定收成。一般在灾后 5 d 可从叶腋长出新芽，形成新枝，并可现蕾开花。

一、棉花雹灾受灾类型

雹灾多发生在棉花的蕾期、花铃期和吐絮期。在冰雹天气出现的同时常伴有不同程度的阵性大风，虽然降雹时间短、范围小，但来势突然、强度大、机械性破坏大，常常造成棉花断头断枝，落蕾落叶，给局部棉田带来极大的危害，甚至造成绝收。棉田受灾程度的轻重，主要取决于冰雹密度和冰粒直径的大小以及冰雹发生时间的长短，按其受灾程度一般可分为以下几种类型：

1. 光秆绝收型

棉花受灾后，主茎及果枝全部被打断，棉株仅剩少量的蕾，产量损失在90%以上。

2. 受灾严重型

棉株机械损伤严重，主茎断头率在80%以上，尚存少量的果枝、绿叶，以及部分花、蕾、铃，受灾程度比光秆绝收型要轻，一般产量损失在60%以上。

3. 受灾较重型

棉株受灾程度更轻，主茎断头率在50%左右，果枝、蕾、铃的损失率也都在50%左右，多数叶片被打破，少量脱落，产量损失在30%以上。

4. 受灾较轻型

此类棉田受灾较轻，主茎断头率在10%以下，少数果枝叶片被打断，蕾、花、铃的脱落也较少，对棉花的生长发育和产量影响较小。

二、雹灾棉花的补救措施

棉田系统本身无法防御雹灾，因此，要加强监测，及时进行人工消雹。在雹灾发生后，可采取以下补救措施：

（一）科学改种

受灾棉田的改种应从受灾时间和受灾程度两方面考虑，光秆绝收田块，不论何时受灾，一般都应该改种其他作物，如果受灾较早，也可重新移栽；受灾严重田块，若受灾时间较早可不改种，应及时移栽补缺或插种其他作物，若受灾时间较晚，则尽量考虑改种；受灾较重田块一般不宜改种，可套种或插种一些其他作物，增加棉农收入；受灾较轻田块，则应及时采取各种补救措施，加强管理，努力减轻损失。农谚“花见花，四十八”，是说棉花从现蕾到吐絮大约需要 48 d，如受雹灾后离霜冻还有 50 d 以上，则未脱落棉铃和雹后新开花都有可能在霜前吐絮，应尽量保留。

（二）及时排水防涝和扶理棉株

冰雹常伴随狂风暴雨，造成棉株倒伏和田间积水，若土壤湿度过大，易使棉苗烂根。雹灾过后，要及时开沟排除田间积水，对于因大风倒伏的棉田，要及时扶理棉株，协调田间水、气、热，改善棉田生态环境。

（三）及时中耕、松土、散墒

（四）追肥促长

追施速效氮肥，促发新枝。雹灾棉花恢复生长需肥量大,要及时追施速效氮肥和少量钾肥,施肥时间越早越好,应在冰雹过后天气好转时,趁墒抓紧时间抢施。一般每亩追施尿素 10 kg 或碳铵 15～20 kg。追肥方法是开沟追肥,可结合中耕进行。

(五)科学整枝

雹灾棉花应尽量保留全部残枝破叶,以增加光合面积。对受灾严重的断头光秆棉株,待新枝生出后,每株择优选留 3～4 个新生枝代替主茎,其余新生枝要全部去除。对受灾轻但无主茎生长点的棉株,待顶部新枝生出后,留 1～2 个新枝代替主茎,对有顶尖的棉株及时抹赘芽,留 14～15 个果枝打顶,雹灾棉由于生育期推迟,后期要适当推迟打顶心时间,一般可推迟 10 d 左右,以多拿秋桃和晚秋桃。

(六)合理化控

由于遭受雹灾以后棉株生长较慢,长势较弱,因此在棉田化控技术上,在蕾期、初花期应尽量少控或不控,在棉花盛花期可视棉苗长势适当轻控,以减少无效花蕾,防止棉株疯长,提高秋桃成铃率。另外,由于棉株受灾后结铃高峰后移,后期棉铃多,晚秋桃比例高,又因施肥时间推迟,施肥总量增加,常会出现贪青迟熟现象,必须进行化学催熟。

(七)防治病虫害

雹灾后的棉花新生叶小,叶嫩,是棉铃虫、盲蝽象的首选取食对象,必须及时防治。

第四节　低温、霜冻

根据历史资料分析,棉花低温冷害年的温度指标为 3300 ℃·d(日平均气温≥10 ℃的活动积温)。事实证明,全年日平均气温≥10 ℃积温少于 3300 ℃·d 就会造成棉花大减产。苗期、蕾期、铃絮期的低温冷害,对棉花产量的影响更为严重。

一、低温、霜冻的类型

(一)春季低温、霜冻

春季低温、霜冻害时有发生,棉花出苗缓慢。棉花苗期生长发育要求日平均气温不能低于 14 ℃。若苗期温度偏低,地温回升缓慢,则幼苗长势偏弱,棉苗容易出现病害。日平均气温低于 10 ℃连续达到 5～7 d,易发生低温冷害。当地表温度降到 3～6 ℃时,部分叶片受冷害或霜冻害;当地表温度降到 1～2 ℃时,叶面温度一般会降到 0 ℃以下而发生霜冻害,植株部分或全部冻死。

（二）秋季低温、霜冻

棉花在吐絮前遇霜冻，热量不足，纤维将停止发育，棉铃成熟度下降、棉纤维强度降低，品质很差。当日平均气温低于 15 ℃时纤维不能伸长，低于 20 ℃时纤维停止加厚。棉花遇霜冻害有上部个别叶片死亡、上部叶片死亡、大部叶片死亡、全部叶片和棉铃死亡四种情况。个别叶片死亡的轻霜冻对产量几乎没有影响；上部或大部叶片死亡为轻霜冻，对产量和品质影响较大；全部叶片和棉铃死亡为重霜冻，对产量和品质影响极大。

秋季持续低温使棉花生育期延迟，即使霜冻发生并不比常年早，但对于棉花的发育来说却仍然是提前了。因此，棉花发育延迟越显著，秋霜冻发生越早，棉花受害就越重，可以说是冷害加剧了霜冻害。

二、低温、霜冻的防御措施

（一）全年低温、霜冻的防御措施

1. 选用早熟品种

早熟品种生育期短，需要积温少，各生育阶段的起点温度也较低，因而能耐低温。

2. 育苗移栽

育苗移栽是提前播种、延长生长季、增加积温的一项好措施，既能战胜全年低温，也能抗御春秋两季的低温、霜冻，实现早熟高产。

3. 密植早打顶

棉花的现蕾、开花、结铃、吐絮是由下而上、由里而外进行的。下部的内膛铃总是先成熟吐絮，因此只要增多内膛铃就能早熟增产。在同样的热量条件下，密植就能增多内膛铃，早打顶则能限制棉花的无效花铃。

4. 塑料薄膜覆盖

由于覆盖薄膜增加了温度，既防御了苗期低温、霜冻，又提前了生育期，避免了后期的霜冻害，因而可取得早熟高产。

(二)苗期、蕾期低温、霜冻的防御措施

1. 高位播种

保证种子播在地平线以上，提高种子所处环境的温度，促早出苗。

2. 早管深松，战胜低温促壮苗

苗期低温往往使幼苗生育迟缓，导致晚熟减产，为战胜春季低温，苗期主要是抓以提温为主的管理措施。

3. 覆盖保苗

4. 温汤浸种和药剂拌种防病

(三)秋季霜冻防御措施

秋霜冻的防御主要靠春夏争取早出苗、早开花、早

结铃、早吐絮。

1. 适时早播，早定苗

地膜覆盖一般可提早现蕾 20 d。

2. 苗期勤中耕，提高地温，雨后排水松土，促扎根、促早发

3. 蕾铃期及时水肥促进，促早开花结铃

4. 加强整枝控制徒长

霜前 80～90 d 要打掉顶芽，因过晚发生的蕾铃不能在霜前吐絮，是基本无效的。打顶时间要看气候和长势，棉农的经验是“时到不等枝，枝到看长势”。在棉株长势尚未明显衰老，即主茎顶心与顶部叶片相平时打顶为宜，如主茎顶心超过叶片高度则为时已晚。

5. 在棉花大量吐絮前喷施叶片脱落剂

6. 喷施乙烯利人工催熟

北方在枯霜前 15～20 d，南方或复种棉田在拔秆前 20 d 进行。要求喷后几天至少每天有几个小时气温在 20 ℃以上，否则效果不好。药量：国产 40％有效成分的药为每亩 100～150 g，手动喷雾器兑水 40～50 kg，机动喷雾器兑水 15～20 kg。过嫩铃催熟效果不好，以七成熟棉铃施药后催熟效果最佳。

第四章
日光温室蔬菜农业气象灾害防御

第一节　低温冷害

温度与蔬菜生长密切相关。一些喜温蔬菜只有在10 ℃以上的环境中才能进行正常的光合作用，尤其是夜间温室内的最低温度如果太低，对蔬菜第二天的光合作用就会产生不良的影响，从而影响蔬菜的正常生长和发育。

同时，地温的高低直接影响蔬菜根系吸收矿质营养和水分，还影响土壤微生物的活动。土壤微生物的活跃与否，又影响有机肥的分解及肥料的转化，间接影响蔬菜的生长。地温过低时，蔬菜根系的根毛不能发生，而根毛则是根系吸收功能最活跃的部分。

一、蔬菜的喜温特性

（一）耐寒性蔬菜

如韭菜、菠菜、葱、蒜等，可以忍耐－10～－5 ℃的低温而不受冻，生长适温为15～20 ℃。

(二)半耐寒性蔬菜

如甘蓝、菜花、白菜、芹菜、莴苣(生菜)、白萝卜、胡萝卜等,短时间—2～—1 ℃低温没有问题,生育适温为17～20 ℃。

(三)喜温蔬菜

黄瓜、西葫芦、番茄、茄子、辣椒、菜豆、荷兰豆等,性喜温暖,不能耐受低温,遇0 ℃以下低温会受冻害,生育适温为20～30 ℃。如果温度低于15 ℃,授粉不良,易引起落花或化瓜,严重时影响成熟和产量。

(四)耐热蔬菜

冬瓜、甜瓜、西瓜、梗豆、丝瓜等均属耐热蔬菜,叶菜中的木耳菜、苋菜、蕹菜等也很耐热,生育适温为30 ℃,在40 ℃高温下仍可生长,但不耐轻霜冻。

二、蔬菜生长的适宜温度

(一)黄瓜

表现为喜温暖、较耐热、较耐寒、怕干热的特性。其生育适温为12～32 ℃。晴天上午28～30 ℃维持4～5 h,不超过32 ℃;下午20～25 ℃;前半夜15～18 ℃维持4 h左右;后半夜12～15 ℃,不低于8 ℃。这样的温度条件有利于光合产物的合成、运输、转化和瓜条生长,并减少呼吸消耗,防止徒长。阴雨天气,一般要求白天温度控制在 18～22 ℃;夜间温度控制在 10 ℃左右,不低于 5 ℃。

(二)番茄

表现为喜温和凉爽、怕热、较耐寒的特性。其生育适温为 10～30 ℃。番茄比黄瓜要求的温度低,所以要加强通风降温管理。温度偏高,特别是夜温过高,极易徒长,造成枝粗叶大、大量落花落果、幼果生长缓慢。但夜温长期过低(3～5 ℃),易形成畸形花、畸形果。

(三)茄子

表现为喜温暖、较耐热、怕干热、怕寒的特性。其生育适温为 15～32 ℃。茄子比番茄要求的温度高,与黄瓜要求的温度范围相近,但是比黄瓜要求的热量多,要求棚内加强保温、提温。即要求在一天当中,要有较长时间维持在 28～32 ℃的范围内,以促进茄子的生育。夜间也要加强保温,后半夜温度维持在 15 ℃以上。通过提高白天温度,累积热量,以提高夜间温度。若夜温长期过低(12 ℃以下),易造成植株生长势弱、畸形花(短柱花)、落花落果、僵果等问题。此外,室内弱光和连阴天严重影响茄子着色。

(四)甜椒

表现为喜温和、怕热、怕寒的特性。其生育适温为 15～28 ℃。与前几种喜温蔬菜相比,甜椒要求的温度适中。白天要加强放风，保持适温。如果白天长期高温（30 ℃以上），易造成大量落花、果面灼伤、诱发病毒病等问题。夜间要加强保温防寒工作。夜间长期低温（15 ℃以下），易造成植株生长势弱、花芽素质低劣、大量落花落果、僵果等问题。

（五）西葫芦

表现为喜温和、偏凉爽、忌高温、耐寒性较强的特点。其生育适温为 10～25 ℃。白天管理温度严防过高。长期处于 30 ℃以上的环境中，植株生长缓慢，而且极易诱发病毒病。但温度也不宜过低，白天 15 ℃以下的低温环境中，化瓜明显增多，而且易发生果实软腐病。

（六）菜豆

表现为喜温和、忌高温、怕寒的特性。其生育适温为 15～25 ℃。其对温度的要求特点与甜椒相似。

（七）豇豆

表现为喜温和、较耐热、怕寒的特性。其生育适温为 15～30 ℃。其对温度的要求特点与菜豆、甜椒相似，但其耐热性较强些。

三、低温冷害防御措施

造成温室低温的主要原因一是设施栽培环境具

有升温快降温也快的特点，极易受到外界气温变化的影响，特别是秋冬季或早春遇到寒潮降温或连阴雨雪天气更为明显；二是棚室结构设计不合理，缺乏保温设备或保温措施不足。防御温室低温冷害的方法有以下 12 种。

（一）培育耐寒壮苗

采用穴盘或营养钵护根育苗，营养基质应疏松、营养充足。冬春育苗需在定植前 7～10 d 进行夜间 6～8 ℃、白天 20～22 ℃的大温差练苗，经过低温练苗的幼苗，定植后可耐短时间－5 ℃的低温。阴天时，因为白天温度低，晚上温度适当也要低，要保持 5～10 ℃的温差，但 10 cm 地温不要低于 11 ℃。低温练苗不要恒定在一个温度，要在适宜温度范围内的高温与低温之间交替进行，这样更有利于练苗，提高作物本身的抗逆性、抗寒性、抗病性等。

（二）提早扣膜冬前蓄热

日光温室应提早扣膜，进行冬前蓄热，以提高日光温室土壤和墙体温度。河北省日光温室扣膜从北向南为 9 月中旬至 10 月上旬。另外，应选择 PVC 无滴防老化塑料薄膜或 EVA 高保温无滴防老化塑料薄膜，所选塑料薄膜最好具备防雾功能，以保证冬季喜温蔬菜安全生产。

(三)嫁接栽培

嫁接栽培既抗病又耐低温,还可增加产量,耐寒性比不嫁接的提高 2～3 ℃。

(四)推广深沟高垄栽培

深沟高垄栽培可以加厚作物根际土层,提高土壤透气性,有效防止灌水后田间积水,而且土壤表层容易干燥,冠层内相对湿度低,垄体温度上升快,垄体蓄热能力增强,可使土温提高 2～3 ℃。如果不是漏水非常严重的地块,应尽量实行深沟高垄栽培。一般采用 25 cm 以上高垄进行栽培。

(五)加强草苫揭盖管理

在温度允许情况下尽量早揭和晚盖草苫(包括牛皮纸被、草苫上加盖的塑料薄膜等)。

在揭草苫的时间上,应掌握在上午揭开草苫后温室内温度不降低也不显著回升为标准。若揭开草苫后,温室内气温降低,这说明揭草苫的时间偏早;若揭开草苫后,温室内气温立即显著回升,这说明揭草苫的时间偏晚。当揭开草苫后温室内温度不降低而在短时间内也不明显升高,这说明揭草苫的时间正合适。冬季若遇阴雪天气,白天只要揭开草苫后温室内气温不会明显降低,应立即揭开草苫,使温室内蔬菜尽可能争取散光照。

盖草苫时间应根据季节和温室内温度而定，应掌握在晴天的下午盖草苫后的4个小时内，室内气温应保持在18～20 ℃。若盖草苫后4个小时内，室内气温低于18 ℃，这说明盖草苫的时间偏晚了；若室内气温高于20 ℃，这说明盖草苫的时间偏早了。保温不良的日光温室应更早盖草苫。

晴天草苫要早揭晚盖，尽量延长蔬菜见光时间。

(六)张挂反光膜

冬季在距日光温室后墙5 cm处张挂1 m左右宽的镀铝反光膜，可使膜前3 m内的光照度增加9%～40%，气温增加1～3 ℃，10 cm地温提高0.7～1.9 ℃，显著改善栽培畦中北部作物的光、温条件。

(七)科学管理肥水

冬季严格水肥管理，在外界最低气温降到－15 ℃以下或在灾害性天气到来前，应尽量不浇水。当外界最低气温在－10 ℃以上时，选择晴天浇透水，覆盖地膜保墒。如蔬菜表现缺水，应选寒流刚过、天气晴朗时，采用膜下滴灌或膜下浇小水，以免降低地温。深冬季节日光温室内地温和气温均较低，蔬菜根系吸收能力弱且生长发育缓慢，应尽量减少土壤追肥，适当进行叶面追肥，以缓解因低温寡照导致蔬菜生长发育不良，一般可叶面喷施0.3%磷酸二氢钾加0.3%硝酸钙加

1%葡萄糖液。冬末春初天气转暖后，适当增加浇水和施肥次数。

（八）做好防寒保温工作

注意收听收看天气预报，在寒流及连阴（雨或雪或雾）天气来临前1～2 d，白天应尽量提高温室内温度，提高地温，并且晚间加强保温，增加温室内热贮量。冬季生产喜温果菜的日光温室，当温室内最低温度低于8 ℃时，应加强多层覆盖保温。保温方法：

1. 选择高性能外保温覆盖材料进行覆盖

覆盖防寒保温层或草帘或保温被，减少室内热量向外界扩散。传统覆盖材料以稻草苫效果为最好，也可使用纸被、新型保温被等材料。使用中温室外覆盖的保温物要保持干燥，如逢雨雪天气变湿时，要及时晾干，以避免保温材料的保温性能下降。

温度过低时要进行多层覆盖。采用多层覆盖可有效地阻隔温室内部的长波辐射外逸，减少放热。多层覆盖包括温室内、外的覆盖。

温室内覆盖：温室内加天幕、扣拱棚、地面覆盖地膜或麦秸等。如对于刚定植的茄果类蔬菜可在棚内先地膜覆盖再加小拱棚覆盖；如遇持续寒冷天气，夜间可在地膜覆盖加小拱棚的基础上温室外再加草苫三层覆盖。覆盖地膜可减少土壤水分蒸发，同时可增加土壤温度，春季低温期，1～10 cm土层可增温2～6 ℃，最高可达10 ℃。

温室外覆盖：温室外加盖草苫、围帘、纸被等。如遇连阴雨雪天气，应在温室前屋面草苫外加1层塑料薄膜，晴天夜间温室内温度比不加薄膜的可提高1～2 ℃，雨雪天可提高2 ℃。上架爬蔓蔬菜不能用小拱棚覆盖，在寒冷季节，温室外可覆盖2层或3层草苫。

2. 提高温室保温效果

在温室内前部东西向加挂塑料薄膜，减少温室前部空气冷热交换，提高温室保温效果。

3. 增加地热贮存，减少热量的浪费

经常维持适宜的土壤温度，提高土壤热导率，土壤表面不宜过湿。温室内地面覆盖地膜、铺草等，以减少水分蒸发和热量的损失；在温室的前沿设置防寒沟，东西两山也可以设置防寒沟，防止地中热量横向流出，沟的深度要大于当地的冻土层深度，沟内可添加干燥的碎秸秆，上面覆土。温室北墙应有足够厚度，墙内可填充干草、碎秸秆、塑料泡沫等隔热材料。

4. 减少门窗间隙的热交换放热

要防止热量从温室门窗及其棚膜间隙跑失，可通过减少门的面积，在门外装门，门上加挂棉门帘，并将推拉门改做成平推门等来减少热量的损失；严堵墙壁间隙，及时查补破损棚膜，通过粘补、更换解决棚膜破损问题。

(九)临时加温

遇极端降温或连阴天气时,也可以进行临时加温,加温标准以保证蔬菜生产处于环境调控温度标准下限为宜。当室内温度白天低于 15 ℃、夜间低于 6 ℃时,有可能产生冷害或冻害,应采取临时加温措施,人工补充热量。常用加温方法包括:

1. 热水法

夜间在室外烧开水,装入桶、盆等容器内,分别放置在温室内数点,通过水散热提温。这样的水热容量大,可有效缓冲降温幅度。

2. 火盆加温法

先将木柴在室外点燃,当温度升高、烟少时,将柴火装到火盆内,移至室内,根据温室面积与温度情况放置数点即可。

3. 明火加温法

当温室内温度下降过快,将要产生冻害时,可采取明火加温。明火加温要选干燥、烟少的木柴。生火点应远离植物,以防灼伤。明火法应缓慢提温,切勿温度升高过快,一般夜间温度升高到 8 ℃左右时可停止加温。

此外还可用火炉烟道、火墙等方法临时加温。

应用明火临时增温时要注意防止一氧化碳中毒。

4. 电热器材加温

有电源条件的日光温室，可通过电热器、电热线加温来补充热量，提高温室内温度。如在育苗期使用电热温床可以调控土温，当土壤温度过低，不适于蔬菜幼苗根系生长时，通过电热线加温，幼苗生长速度快，根系发达，可缩短日历苗龄 7～10 d，并且有效防止幼苗期病害发生，为培育适龄蔬菜壮苗创造良好的土壤环境。

应用电热设备加温要注意用电安全。

(十)秸秆发酵增温

使用秸秆发酵增温，可提高温室内的地温和气温，但应注意酿热层与耕作层应保持一定的距离。

(十一)增施二氧化碳气肥

冬季温室内增施二氧化碳气肥，既可增加蔬菜产量又可提高蔬菜的抗寒性、抗病性，果菜类效果尤为明显，但阴天时要少施或不施。揭苫后随着光合作用增强温室内二氧化碳浓度迅速降低，要及时施用二氧化碳气肥，到通风换气前半小时结束，以免造成浪费。下午在通风换气结束后也可释放一段时间，到日落前结束。

(十二)做好蔬菜病害的监测和防治工作

要通过各种管理措施，尽量使蔬菜不受害，度过短暂的低温期，使蔬菜正常生长。

蔬菜一旦受冻，应及时采取措施进行补救，以减少损失。

对于发生轻度冻害的温室，应特别注意防止高温“闪苗”，在晴天揭帘前，可先在叶面上喷施清水，以缓慢升温，慢慢增加见光时间，创造适宜的环境条件，促使植株尽快恢复生长。可叶面喷施 0.5%磷酸二氢钾加 1%蔗糖水溶液，增加营养，或叶面喷施甲壳质素 0.1%S-诱抗素，增强植株的抗逆能力。

对于发生中度冻害的温室，要迅速改善温室的保温条件。及时剪去受冻的枝叶，以免受冻组织霉变诱发病害。黄瓜、西葫芦等蔬菜受冻后会产生花打顶现象，可在天气转晴、光照条件改善后疏掉一些花朵和幼果，以利于枝蔓生长。上部生长点受冻害的植株，可剪去上部枝条，通过腋芽培养新的侧枝。待天气转晴地温回升后，及时灌施营养性冲施肥。及时中耕土壤(深度保持在 15～20 cm)，增强土壤通透性，促进植株根系生长发育，还可在行间撒施草木灰，降低土壤湿度，提高地温。如根系已经受寒，甚至发生沤根，在松土提温缓根后可点浇 1 次肥水，以 0.1%的复合肥水灌根。此外，还要及时准确诊断病害，科学有效进行防治。在防治措施上，首先采用摘除病花、病果、病叶等农业措施。若选用药剂防治，应尽量避免喷雾施药，可喷施粉剂或使用烟剂熏蒸防病，以免增加温室内的湿度，导致防治效果不佳。

对于发生重度冻害的温室，应尽快准备育苗补栽。特别是受冻面积较大时，应迅速清棚，考虑抢时改种一些速生蔬菜，尽可能减少生产损失。

第二节　连续阴天或寡照

光照环境对蔬菜作物，主要通过光照的强度、光照时间的长短（光照时数）以及光的组成（光质）等，影响着蔬菜的生长与发育。光照强度不同，首先影响到蔬菜光合作用强度的不同，这是最根本的；同时也影响到蔬菜的形态，如植株的高矮、节间的长短、叶片的大小、茎的粗细等；还会影响其组织解剖的变化，如叶肉的结构，进而影响叶片的厚薄。营养生长的差异必然导致对生殖生长的影响，光照不足或过强，会引起茄果类蔬菜落花落果以及黄瓜“化瓜”等。

同时，光照时数的长短也影响蔬菜的生长发育，这就是通常所说的光周期现象。光周期是指一天中受光时间的长短，受季节和温室所在地地理纬度的影响。

连续阴天或寡照导致光照不足，作物不能进行正常的光合作用，养分积累减少，导致植株黄化、生长不旺盛或生长停滞、落花落果及化瓜等。同时，连续阴天或寡照天气，光照强度不够，昼夜温差小，作物易徒长，作物的抗逆性和抗病性降低。另外，在连阴天或寡照天气中，温度较低，为了保温，多数温室密封，导致二氧化碳和其他有害气体积累过多，易造成作物中毒。

一、光照对蔬菜生育的影响

(一)按照蔬菜对光照强度的不同要求分类

1. 强光型蔬菜

对光照强度要求高，如西瓜、甜瓜、南瓜、番茄等，这些蔬菜的光饱和点都在 6 万～7 万 lx。

2. 中光型蔬菜

对光照强度要求中等，如白菜、甘蓝、黄瓜、青椒、茄子等，一般光饱和点在 4 万～5 万 lx。

3. 弱光型蔬菜

比较耐弱光，对光照强度要求不太严格，多数绿叶蔬菜，葱、蒜类蔬菜如韭菜等，均属此类。

(二)按照蔬菜对光周期的反应分类

1. 长光性蔬菜

在 12 h 以上较长的光照时数下，能促进开花的蔬菜为长光性蔬菜，如白菜类、甘蓝类、芥菜、萝卜、芹菜、菠菜、莴苣类、豌豆、葱、蒜等，否则，则不能抽薹开花。

2. 短光性蔬菜

光照时间少于 12 h 能促进开花结实的蔬菜为短光性蔬菜，如豇豆、茼蒿、扁豆、苋菜等。

3. 中光性蔬菜

对光照时间要求不严格，适应范围宽，如黄瓜、番茄、辣椒、菜豆等。

需要说明的是，短光性蔬菜对光照时数的要求不是关键，而关键在于黑暗时间的长短对其发育影响很大；而长光性蔬菜则相反，光照时间最为重要，黑暗时间不重要，甚至连续光照也不影响其开花结实。

由上述可见，光照时数的多少，将影响到蔬菜的发育（生殖生长），关系到蔬菜的花芽分化、抽薹、开花、结实、分枝习性，对一些贮藏器官如块根、块茎、鳞茎、球茎的形成也有影响。

（三）光质对蔬菜生长发育的影响

光的组成又称“光质”，即不同波长的光，也影响蔬菜的生长发育。一年四季光的组成有明显变化，春季太阳光中的紫外光比秋季少；夏季中午太阳光中的紫外光最多，是冬季的 20 多倍，蓝紫光比冬季多 4 倍。在太阳的直射光中，红光和黄光只有 37%，而在散射光中则占到 50%～60%。红光能加速长光性蔬菜的发育，延迟短光性蔬菜的发育；蓝紫光正好相反，蓝光还会促进甘蓝球茎的形成。光质还会影响蔬菜的品质，紫外光与维生素C的合成有关，玻璃温室栽培的番茄、黄瓜的果实维生素C的含量，往往没有露地栽培的高，就是因为玻璃的紫外光的透过率较低，塑料薄膜温室的紫外光透过率就比较高。

二、连续阴天或寡照灾害防御

（一）在建造温室前充分考虑温室采光

调节适宜的前屋面角度，增加太阳光线的入射量。因为冬季生产茄果类蔬菜主要是解决光照强度和光的分布问题，如果温室的结构不合理就会严重影响光照吸收，保温效果差，甚至出现冷害或冻害。所以，温室设计和建造要根据最大采光角度要求，科学设计温室的高跨比，以减少反射光，增加光照强度，使光照分布均匀合理。

（二）减少温室内建材和作物的遮阴

尽量减少温室内竹木、立柱等建材的遮阴，推广应用无立柱温室，增加室内有效空间。

（三）注意栽培畦向

冬春季以南北畦向受光更均匀，效果更好。

（四）增加棚膜的透光性

一般塑料膜由于温室内膜面经常会凝结一层露水珠，从而增加了反射光。为了减少反射光，应采用无滴防尘长寿塑料薄膜，此类薄膜膜面不形成露水珠，既防止尘土污染，使用寿命又长，是较理想的温室用膜。另外，经常清扫温室薄膜面上的尘土或杂物，保持膜面清洁，可以提高薄膜透光性，增加光照透射率30%以上。

（五）后墙涂白或张挂镀铝聚酯反光幕，在温室内覆盖地膜

后墙涂白或使用反光幕可使温室内温度提高1～2 ℃，地面铺设反光膜可增加叶片背面的受光。

（六）适当补充光照和加温

日光温室遇到连阴7～8 d甚至10 d以上的天气，会造成没有热量补给，土壤中贮存的热量大量散失，地温会下降到10 ℃以下。在连阴天时要适当补充光照和加温，人工补光的目的有两个：一是补充光照时间，用以抑制或促进花芽分化，这种情况需要的光源强度较小；另一目的是作为光合作用的能源，以补充光照，这种光要求的光照强度大。适用于补光的光源有高压钠灯、水银荧光灯、气体放电式灯、钨丝灯等。这些光输出量高，因植株生长所需红波光能和蓝波光能最多，又由于钠灯对输出的光谱进行了调整，使蓝光部分增加了30%，从而改进了作物生长发育的光照环境条件，使作物生长更快，品质更佳。最简单的补光方法一般是每亩日光温室用20支40 W日光灯，架设在距植株 0.5～1 m 高度，每天 09—10 时补充光照。

(七)阴雨天停止浇水，设法提高地温，增加根系吸收能力

(八)适当控制结果

持续低温雨雪天气，植株生长发育弱，要及早采收果实和适当疏花疏果，以免加重植株负担，使植株生长发育更弱，降低抗逆能力。天晴后逐步转入正常管理。

(九)连阴天或寡照天气时温室内的温度控制应比晴天低 2～3 ℃

因为光照不足时植株不能正常进行光合作用，如果温室内的温度过高，植株的呼吸消耗就增加，使植株营养不足，产生各种生理障碍。

(十)白天尽量揭开草帘

在不影响温室内作物对温度要求的情况下，白天尽量揭开草帘，可在中午短时间揭开草帘，使蔬菜接受散射光照射，不可以连续几天不揭帘子，同时根据具体情况小风口短时间排气降湿，最好用放风筒排湿换气。

(十一)及时喷施营养液，促进缓苗

在连阴天或雨雪天后转晴时，要使植株有一逐渐见光和缓慢升温的过程，不可突然揭开草帘而使植株出现急速萎蔫凋枯死亡的现象，造成不应有的损失。

可在阳光稍好一点的天气，进行叶面补肥，如0.2%磷酸二氢钾和0.2%尿素混合液。

（十二）应用卷帘机卷放外覆盖保温材料

有条件的可在卷帘外再覆盖一层保温材料，延长温室透光时间，增加光照。

三、久阴骤晴防御措施

（一）喷施防冻液

在久阴骤晴之前，叶面喷施防冻液或低温保护剂等，以增加植株的抗性，促进蔬菜正常生长。

（二）使植物逐渐见光缓慢升温

在连续阴（雪）天气后骤然转晴时，要注意采取间隔、交替揭帘，使植株有一逐渐见光和缓慢升温的过程，不能立即全部揭开草帘，以防蔬菜叶片在强光下失水萎蔫，若发现叶片萎蔫应随即回盖草帘，待植株恢复后再逐步揭帘。

具体方法是隔1个或2～3个草帘揭1～2个草帘，使温室内蔬菜缓慢见光，以逐步适应外面直射强光。待20～30 min后，当被阳光直射的蔬菜植株出现萎蔫现象时，立即喷洒清水，同时把揭开的草帘盖上，而把未揭开的草帘再揭开。如此分3～4次揭帘和盖帘，至14时以后再把所有的草帘都揭开，这样使温室内气温缓慢回升，以避免植株萎蔫，也可减轻室内蔬菜受冷害程度。如果温室使用的是卷帘机，不能用上述方法进行，那就要隔 20～30 min 揭盖 1 次，连续多次，直到植株不再发生萎蔫为止。

(三)喷施营养液

久阴骤晴的第 1 个晴天，喷施叶面营养液，以补充植株营养，增强植株抗寒、抗病能力。可选用 0.2%磷酸二氢钾、0.5%蔗糖、0.2%尿素溶液混合喷施。也可直接喷施 1%葡萄糖溶液，或蔗糖 250 g＋腐殖酸 50 g＋赤霉素 1 g＋生根粉 0.3 g 兑水 15 kg，每 10 天 1 次，共 4 次效果更佳。

(四)放风降湿

升温后中午适当放风降湿，释放室内有害气体。

第三节　高湿障害

温室内的湿度环境主要包括空气湿度和土壤湿度两个方面。由于我国当前日光温室的栽培面积很大，温室湿度问题的讨论也以日光温室为主，兼顾加温温室。出于防寒保温的要求，温室的墙比较厚，结构严密，通风面积较小，特别是通风口关闭时，温室内形成了一个高湿的环境，白天温室内空气相对湿度多在 70%

或80%以上，夜间可高达90%以上，甚至达到100%的饱和状态。这与露地的湿度环境大不相同，温室内的这种湿度环境对蔬菜生长发育会产生特殊的影响。

一、土壤湿度与蔬菜生长发育

(一)不同蔬菜对水分的要求不同

不同蔬菜，其根系特点各异。有些蔬菜根系发达，可以从深层土壤中吸收水分，耐旱能力比较强；有些则相反。根据蔬菜需水程度的不同，可以分为以下5类：

1. 根系吸收能力弱，消耗水分很多

如白菜、黄瓜、绿叶菜，这些蔬菜的共同特点是叶面积大，组织柔嫩，根系为浅根系，地上部需水量大，而地下部根系吸水能力并不很强，所以需要经常浇水。

2. 根系吸收能力强，水分消耗不多

如南瓜、西瓜、甜瓜等，这些作物抗旱能力比较强。

3. 根系吸收能力弱，消耗水分也少

葱蒜类蔬菜多数属此类，这些作物根系浅，且没有根毛或少有根毛，根系吸收能力弱，需要保持土壤湿润。

4. 根系吸收与地上部消耗水分能力中等

如茄果类、根菜类、豆类、甘蓝类等，在水分吸收和抗旱能力上不如第2类但又强于第1类蔬菜，应适时适量灌水。

5. 水生蔬菜

此类蔬菜多生长于江河湖中，根系不发达，根毛退化，但茎叶柔嫩，需水较多，如莲藕、茭白等，温室内一般不栽培。

（二）不同生育期对水分的需求也不同

1. 种子发芽期

此期必须保证足够的水分，以利种子发芽出土。保护地栽培时，多利用温室育苗，无论用地床或是苗盘、营养钵育苗，播种前一定要将底水浇足浇透，以保证种子顺利扎根出土。

2. 幼苗期

此期植株弱小，叶面积也小，需水不多，所以要控制水分。尤其在冬春低温弱光季节，水分要严格掌握，水分过多易引起幼苗徒长、瘦弱，甚至烂根、沤根死苗。但也不能因噎废食，过于干旱同样育不成壮苗。

3. 茎叶生长期

此期是蔬菜需水最多的时期，尤其是以叶片、叶球或嫩茎、花茎为食用器官的蔬菜，如油菜、芹菜、结球白菜、生菜、菜花等，此期应保证充足的水分，才能优质高产。

4. 开花结果期

果菜类（如番茄、黄瓜、辣椒、豆类等）蔬菜进入开花坐果时期，即生殖生长时期，对水分要求比较严格，水分既不能多也不能少，否则均会引起落花落果（化瓜等）。待坐住果后，进入果实（或瓜条）迅速膨大期，则应当给予充足的水分，使果实饱满硕大。

二、空气湿度对蔬菜生长发育的影响

水分是蔬菜植物生长发育的重要条件，蔬菜物质组成中70%～80%是水分，没有水，植物无法进行光合作用。水分还是营养物质的载体，各种营养物质只能以水溶液的形态进入植物体。

蔬菜的产品器官多为柔嫩多汁的叶片、果实或嫩茎、花茎等，除根系吸收水分满足这些柔嫩多汁食用器官需求外，空气湿度对其品质也有影响。空气湿度过低，即空气过于干燥，会使叶片蒸腾强度加大，细胞大量失水，导致叶片萎蔫、纤维质增多，失去柔嫩鲜活特性，如韭菜、芹菜会变得“筋”多，吃起来不嫩，嚼起来粗糙。果菜产品器官如番茄果实或黄瓜瓜条，在过于干燥的空气中，果肉细胞失水多，果实绵软，失去鲜嫩风味，甚至还使糖分、维生素C等营养物质含量降低，品质变劣。

但空气湿度过高也不利于作物生长发育，高湿环境会引起许多病害的发生，尤其是真菌病害和一些细菌病害会迅速蔓延。由于温室环境较为封闭，且冬季气温低，在日光温室相对密闭和不通风的情况下，室内空气相对湿度经常在85%以上,土壤蒸发的水分不易外散,导致植株沤根、生长停滞,严重影响生长发育,而且容易诱发各种病害,造成减产。

三、高湿障害防御措施

(一)水分管控

冬春季尤其冬季温室水分管理原则是以控为主,不宜浇水过多。

(二)及时通风换气

放风是排湿的主要措施。在晴天中午前后,当室内气温高于28 ℃时可适当通风。同时应密切注意温室内温度变化,若温度下降过快,要及时关闭通风口。放风以放顶风和腰风为主,不能放底风,以防伤苗。一般中午通风比不通风室内空气相对湿度可下降20%。若棚膜及叶片上有水滴形成,一定要及时通风,并加大通风量,即使阴天也需短时通风。

(三)中耕通风

土壤湿度过大时,中耕与通风换气相结合,促使土壤水分蒸发,以免植株出现沤根和发生病害。

(四)采用地膜覆盖栽培和膜下灌水

采用地膜覆盖可减少土壤水分的蒸发,是降低温室内空气湿度的重要措施。采用大小垄相间、地膜覆盖双垄的办法，浇水时采用膜下灌溉隔沟轮浇，既能阻止水分蒸发，降低室内空气相对湿度，又能防止土壤板结。浇水应在上午进行，浇水后要放风排湿，切忌下午浇水。浇水要注意天气预报，避免浇水后遇连阴雨天气。

（五）冬季温室内病虫害防控，以不增加室内湿度为最宜

冬季温室内病虫害防控要求以农业生态调控为主，合理放风，通过控制温湿度防控病害发生，减少因喷施农药带来室内空气湿度增加；采用黄板诱杀技术防治虫害；需要化学药剂控制时宜选用粉尘剂或烟雾剂，以控制温室内空气湿度。

第四节　大　风

一、大风天气对温室的影响

塑料日光温室风害主要表现为温室骨架倒塌、风鼓毁膜，导致温室内温度降低，植株生长缓慢或受冻，对温室蔬菜造成毁灭性灾害。6 级以上的大风更容易引起温室棚膜破损、骨架垮塌。

为防范大风的危害，在建造温室时必须严格用料标准和建造质量，严防偷工减料，防止温室骨架倒塌。

二、大风天气温室的防御补救措施

(1)要加强大风天气的监测和预报预警。

(2)扣膜时选专用压膜线扣紧压牢棚膜。

(3)傍晚盖草帘后,按东西向压两根加布套的细钢丝,防止夜间草帘(连同外覆膜)被风吹起。

(4)大风天气应将通风口、门口密闭,避免大风入室吹破棚膜而降温。

(5)加高后坡上覆盖物的高度,以减缓前坡风速。

(6)夜间遇大风时,要随时检查,压牢草帘。

(7)棚膜应一年一换,破损部分及时修补。

(8)及时收听收看天气预报,遇有大风天气,人员要坚守温室,大风到来前白天把草帘放到一半,置于前坡上,并固定好拉绳。

(9)在温室上风向营造防风林带。

第五节　雪　灾

一、雪灾对温室的危害

大雪或暴雪会使日光温室墙体及屋面的负荷急剧增加,如果超过棚体的承受力,将造成棚体承重钢梁和立柱变形而使棚体垮塌。连续雨雪天气,还会导致温室内光照不足，温度降低，空气相对湿度升高，蔬菜光合效率下降，根系生长受阻，吸收水分、养分困难，出现茎叶变黄、落花、落果等现象，严重时植株完全停止生长。

二、雪灾的防御补救措施

（一）科学建造温室

修建温室前要根据历史降雪资料科学设计温室构架的承压能力。遇有降雪时要及时清除棚膜上的积雪，以防雪水渗透草帘或压坏棚膜。

（二）风雪前及时加固

加强大雪防范，在大雪来临前要仔细对日光温室进行一次全面的检查，对受损的钢梁及时维修加固，并在钢梁中间增加 1～2 根立柱，增强温室的承重能力。

（三）覆盖薄膜

下雪或降雨时在草帘外覆盖 1 层塑料薄膜以减轻降雪融化及降雨对棚面及草帘的危害，同时还有较好的保温效果。

（四）降雪期间要不间断地巡查

中小雪可在雪后清扫，大雪应随下随清扫。

（五）温度控制

阴雨雪天室内温度控制应比晴天低 2～3 ℃。因为阴雨雪天光照不足植株不能正常进行光合作用，若室内温度高，植株的呼吸消耗就增加，使植株营养不足，易产生各种生理障碍。雪停后要及时清除温室周围的积雪，防止积雪融化后渗入温室内导致室内低温高湿，引起沤根和其他病害发生。

（六）天晴揭帘

雪停天晴后，白天提前 1 个小时揭草帘，增加采光，但要注意揭草帘时要有间隔，防止因雪后骤晴光照过强而造成作物失水严重，引起“闪苗”。

（七）晾晒

草帘或保温被被雨雪打湿后要尽快晒干，以防影响覆盖效果。

（八）调整品种

对因雪灾降温造成冻害严重的温室，应及时调整蔬菜种植品种，保证蔬菜市场供应。可以选择种植耐寒蔬菜品种，如小油菜、小白菜、香菜、茴香等。叶菜品种市场销售行情看好，到元旦、春节等节假日价格普遍较高，是冬季温室生产中技术要求低、效益相对较高的蔬菜。

第五章
设施葡萄农业气象灾害防御

葡萄种植环境条件突然发生变化,并且幅度较大时,对葡萄的生长和结果会造成不利影响。例如:冻害、雹灾、风灾等,都能导致葡萄产量降低、质量下降,严重者颗粒无收,更严重的还会造成死树毁园,所以,必须加强预防。

第一节 冻 害

一、冻害的类型

(一)霜冻

1. 早霜冻害

秋末当气温突然下降到 0 ℃以下,葡萄枝芽尚未完全成熟时,形成的冻害。

2. 晚霜冻害

早春气温回升较早,葡萄枝条出土早,已开始发芽抽梢时，气温突然下降到 0 ℃以下，致使刚发的新梢受冻枯死。

（二）冬季冻害

葡萄冬季受冻比较普遍，冬季冻害多表现为根系受冻，细根全部变褐，皮层用手捋即与木质部分离；梢粗根细，如果只是髓部和木质部变褐，而韧皮部形成层还是绿色，则根系还有恢复的可能。

二、冻害防御措施

（一）加强草帘揭盖管理

在温度允许情况下尽量早揭和晚盖草帘（包括牛皮纸被、草帘上加盖的塑料薄膜等）。

揭草帘时间应掌握在上午，以揭开后温室内温度不降低也不显著回升为标准。若揭开草帘后温室内气温降低，说明揭草帘的时间偏早；若温室内气温立即显著回升，说明揭草帘的时间偏晚。冬季若遇阴雪天气，白天只要揭开草帘后温室内气温不会明显降低，就应立即揭开草帘，使温室尽可能争取散射光。

盖草帘时间应根据季节和温室内温度而定，应掌握在晴天的下午盖草帘后的 4 个小时内，室内气温保持在 18～20 ℃。若盖草帘后的 4 个小时内，室内气温低于 18 ℃，这说明盖草帘的时间偏晚；若室内气温高于 20 ℃,说明盖草帘的时间偏早了。保温不良的日光温室应更早盖草帘。晴天草帘要早揭晚盖,尽量延长见光时间。

(二)张挂反光膜

冬季在距日光温室后墙 5 cm 处张挂 1 m 左右宽的镀铝反光膜,可使膜前 3 m 内的光照度增加 9%~40%,气温增加 1~3 ℃,10 cm 地温提高 0.7~1.9 ℃,显著改善栽培畦中北部作物的光、温条件。

(三)适时灌溉封冻水

在冬季埋防寒土的前 10 d,应灌溉一次防寒水,目的是防止根系冻害和早春干旱。灌水时一定要灌足,以土壤达到饱和状态为标准。等地面土壤稍干时,再进行埋土防寒。

(四)埋土防寒

埋土时,在离葡萄定植行 1 m 以外的地方取土,土越干越好。在埋土前 10 d 就要把需埋的土挖起来,让其风干备用。埋时将土拍细,不带坷垃,埋到 25 cm 厚。当土埋至 25 cm 厚时,再取半干不湿的土加厚到 30 cm,用铁锹轻轻拍实即可。埋土必须全埋、埋严、不留空隙。在埋土过程中,要经常检查,一有漏风,立即补埋、埋严,仍然是干埋湿拍。

如果干旱,越冬前需要浇水,一定要在埋土前 15 d

浇完。在埋土时葡萄行架下不能有枯枝烂叶，更不能有积水或积冰。当叶片干枯后进行冬剪，剪后于10月底按上述要求埋土，这样可避免重早霜冻的危害。

来年葡萄条出土时间要推迟到5月初。由于埋土干，温度升高慢，既不会闷条，又可躲过重晚霜冻的危害。可使葡萄条芽不受冻、不霉烂，枝芽完好，结果可靠。

（五）控制和减少浇水

水能降低地温和温室内气温。在严冬和早春浇水宜少，切忌大水漫灌。以隔行浇水的方法进行，即隔一行或两行，浇一行或两行；过3 d后再浇另一行或两行，能有效地保持温度。此外，采用滴灌的效果更好。

（六）温室加温

当温室内温度达不到葡萄生长所需要的温度时（白天达不到25 ℃以上）可采取加温措施。一是在温室内与葡萄架相隔15 m处搭建一火炉，用煤炭作燃料，火炉点燃时间的长短根据室温而定，优点是增温快，热能利用率高，缺点是易产生有害气体。二是采用暖气，在温室外设置锅炉，连接温室内暖气，优点是室内洁净，不产生有害气体，缺点是热量损失大。三是燃烧液化气，将天然气灶置于温室内，连接液化气瓶，将灶点燃放出热量。无论采用哪种方法，都要有专人看管，防止火灾发生和温度过高灼伤葡萄植株，以及造成不必要的能源浪费。

三、灾后补救措施

(一)芽眼部分受冻

芽眼死亡20%～80%但枝蔓未受冻的，仅剪去弱枝及徒长枝，一般枝蔓增加其果枝长度。芽眼死亡80%以上和枝条轻度受冻的，可轻度修剪干枝，去掉弱枝和冻坏的主枝，将其余枝蔓引上架，留一二个新梢以代替主干枝蔓。多年生枝蔓留一定数量徒长枝，夏季摘心后作为果枝。

(二)芽眼全部死亡

芽眼全部死亡，枝蔓中到重度冻伤的，应保留全部健康枝蔓，基部保留一定数量萌蘖枝以代替丧失生产能力的主蔓。健康蔓的徒长枝上留4～7个芽，摘心后使之形成新果枝。

(三)地上部分全部冻死

如根系存活，可利用加强的萌蘖枝，在主干下挖15～20 cm深，从地面15～20 cm以上剪去主干，留桩嫁接后加强肥水管理，促进树势恢复。

第二节　高温热害

温度影响葡萄的每一个生长环节。如果葡萄发芽期温度较低，发芽日期偏晚，导致生长周期缩短使葡萄不能完全成熟；开花和坐果时温度过低，葡萄产量就会减少。如果温度偏暖，则会导致葡萄过早地发芽，或导致其生长期过长，使最终果实过于成熟，即酸度缺乏、单宁成熟、风味物质增加。

一、高温对葡萄的影响

高温环境会使葡萄萌芽过快，不能保证花序继续良好分化和地上部与地下部生长协调一致；严重的可造成花芽退化，促使新梢徒长，影响花序各器官的分化质量，进而影响以后的开花坐果，影响后期产量。气温高开花就早，花期也短，开花授粉时间相应较短，不利于坐果。还会造成授粉不均，后期果实易出现大小粒现象，严重影响产量和品质。果实膨大期出现连续高温，导致葡萄出现脱水现象，诱发葡萄缩果病，产生黑斑并腐烂。

二、葡萄生长的适宜温度

葡萄出土后，第一周要实行低温管理，白天温度要维持在 20～25 ℃，但是夜间温室内温度要控制在 0～5 ℃，空气相对湿度保持在 95%以上；萌芽期，白天温室内适宜温度为 22～28 ℃，空气相对湿度为 85%左右；新梢生长期，白天温度应控制在 22～28 ℃，夜间 12 ℃左右，注意通风；花期空气相对湿度控制在 50%左右，其他生长期空气相对湿度以 55%～60%为宜。

一般认为，气温在 22～30 ℃时葡萄光合作用最强，气温大于 35 ℃则同化效率急剧下降，大于 40 ℃则易发生日灼病。

三、高温防御措施

（一）喷洒农药

开花前 1 周喷洒 PBO 400 倍液，可以有效避免花期高温造成的危害。

（二）降低地表温度

高温天气下，可用稻草或麦秸秆、杂草等覆盖葡萄根基部，直径 1 m，以降低地表温度，也可在高温来临前灌水或喷水降温。

（三）及时通风换气

温室葡萄要在中午及时揭帘通风降温，防止高温灼烧苗叶。同时应密切注意温室内温度变化，若温度下降过快，要及时关闭通风口。放风以放顶风和腰风为主，不能放底风，以防伤苗。

第三节　风　灾

北方葡萄产区春末夏初常有西南大风，干风使嫩梢失水，叶缘焦干，重者枯死折梢。大风还能加剧干旱和风蚀。对于设施葡萄而言，温室的建立对于防风尤为重要。

一、大风天气对温室的影响

塑料日光温室风害主要表现为温室骨架倒塌、风鼓毁膜，导致温室内温度降低，植株生长缓慢或受冻，对温室作物造成毁灭性灾害。6 级以上的大风更容易引起温室棚膜破损、骨架垮塌。

为防范大风的危害，在建造温室时必须严格用料标准和建造质量，严防偷工减料，防止温室骨架倒塌。

二、大风天气温室的防御补救措施

(1)要加强大风天气的监测和预报预警。

(2)扣膜时选专用压膜线扣紧压牢棚膜。

(3)傍晚盖草帘后，按东西向压两根加布套的细钢丝，防止夜间草帘（连同外覆膜）被吹起。

(4)大风天气应将通风口、门口密闭，避免大风入室吹破棚膜而降温。

(5)加高后坡上覆盖物的高度,以减缓前坡风速。

(6)夜间遇大风时,要随时检查,压牢草帘。

(7)棚膜应一年一换,破损部分及时修补。

(8)及时收听收看天气预报,遇有大风天气,人员要坚守温室,大风到来前白天把草帘放到一半,置于前坡上,并固定好拉绳。

第六章
水稻农业气象灾害防御

第一节　旱　灾

重庆直辖市位于长江上游四川盆地东部沿江两岸，处于我国西南灾害带大背景下，具有西南灾害带的普遍共性和成灾背景。重庆市的干旱按发生的时间一般分为春旱（3—4 月）、夏旱（5—6 月）、伏旱（7—8 月）、秋旱（9—11 月）、冬旱（12 月—翌年 2 月），其中伏旱对水稻生产影响最大。而水稻是耗水量最多的农作物，所以干旱是影响重庆市水稻生产的最主要障碍之一。

一、旱灾的类型

（一）夏旱

1. 返青期

水稻返青期抗旱能力弱，开始受旱时水稻叶片白天萎蔫，但夜间可恢复；继续缺水则出现永久萎蔫，直至逐步枯死。

2. 分蘖期

水稻分蘖期抗旱能力较返青期有所增强,缺水干旱使分蘖细弱、分蘖数减少。

(二)伏旱

1. 孕穗期

水稻幼穗形成期对干旱开始敏感,受旱后幼穗发育不良,粒数减少。孕穗期是对干旱最敏感期,水分供应不足时花粉粒发育受阻,颖花数减少或花粉发育不完全,影响受精,导致粒数和产量明显降低。

2. 抽穗开花期

水稻抽穗开花期需水多,抗旱力仍弱,高温和缺水将导致抽穗不齐,授粉不良,导致不实和白穗增多。

3. 灌浆乳熟期

水稻灌浆乳熟期抗旱能力较弱,缺水影响光合作用,使秕粒增加、粒重降低。

二、水稻抗旱措施

(1)挖掘水源,扩大灌溉面积。

(2)选用抗旱品种。一般陆稻比水稻耐旱,籼稻比粳稻耐旱;大穗少蘖型品种比小穗多蘖型品种耐旱,受旱后恢复力强。抗旱力强的品种具有根系发达、根系分布深广、茎基部组织发达、叶面茸毛多、气孔小而密、叶片细胞液浓度高及渗透压高等特征。

(3)培育壮苗。旱育秧苗发根多、抗旱力强，插秧后返青成活快。适当稀播扩大单株营养面积有利于壮秧。分期播种和插秧可避开用水高峰。水源不足可实行旱直播。插秧时若大田缺水可采取暂时寄秧的方法补救。

(4)大田干旱时要实行节水灌溉，重点确保返青和孕穗等关键期的水分供应。

(5)中耕除草有利于根系发育，并减少杂草对水分的消耗。

(6)施用抑制水分蒸发剂可减少稻田耗水。

(7)稻区可保留适当比例的冬水田。

(8)躲避伏旱高温。川东南低海拔地区中稻为躲避伏旱高温，采取适期早播、分段育秧、合理肥水管理等措施，使抽穗期赶在伏旱高温来到之前。

(9)遭遇严重干旱致绝收后，可以科学改种。

第二节　高温热害

重庆由于受副热带高压系统的影响，盛夏期间一般有一段高温伏旱天气，常常与水稻的生殖生长期相重叠，形成高温热害。高温热害是重庆市水稻主要的农业气象灾害，常年均可能发生。近年来，重庆市水稻种植轻度高温热害发生呈减轻的趋势，中度高温热害发生变化不明显，而重度高温热害发生呈增加的趋势，可能导致重庆市水稻产量的波动加大。

一、高温热害对水稻的影响

高温热害对水稻的危害因生育期不同而相异，其中抽穗扬花期和灌浆结实期对产量形成和品质影响最大，在同一发育期的不同阶段出现高温的危害也不尽相同。

（一）幼穗分化期

水稻在幼穗分化的减数分裂期对温度极为敏感，当日平均气温超过 30 ℃，连续 3 d 以上，就会造成花器发育不全，花粉发育不良，活力下降。

（二）抽穗扬花期

水稻抽穗扬花期如遇日平均气温为 30 ℃，日最高气温超过 35 ℃，连续 3 d 以上高温，就会产生热害，影响花粉管伸长和正常散粉，导致不能受精而形成空壳秕粒，使结实率降低。

（三）灌浆结实期

水稻灌浆结实期为高温影响的次敏感期，如遭遇 35 ℃及以上高温胁迫，一方面使灌浆期缩短，光合速度和同化产物积累量降低，秕粒增多，谷粒质量下降，导致水稻产量损失；另一方面还引起水稻垩白粒率和垩白面积增大，整精米率下降，支链淀粉的精细结构发生改变，导致稻米品质变劣。

二、水稻高温热害的防御措施

（一）品种合理布局，避开高温危害

如利用早熟品种，推广地膜育秧，促苗早发，早抽穗，在高温来到之前开花结实；选择耐高温的品种。

（二）在盛夏高温危害严重的地区不宜种植双季稻

重庆市近年来已减少了双季稻的种植面积，增加了小麦、玉米和红薯等旱作物与中稻搭配面积，取得了稳定增产的效果。

（三）合理施肥，改善透光条件

防止因氮素过多而降低抗热能力。合理的群体可改善透光条件，提高结实率。

（四）高温出现时喷3%的过磷酸钙可减轻热害

三、水稻高温热害的补救措施

（一）加强受灾田块的后期管理

1. 坚持浅水湿润灌溉防止秋旱使灾害进一步加剧

从灌浆至乳熟期间，采取干干湿湿、以湿为主的方法，就是灌1次浅水后自然落干1～2 d再灌水；黄熟

期间灌 1 次浅水后落干 3～4 d 再灌 1 次水，黄熟末期以灌“跑马水”为主，即灌即排。

2. 加强病虫害防治

特别要注意稻飞虱稻纵卷叶螟、纹枯病、白叶枯病、稻瘟病和稻曲病等病虫害的药剂防治。

3. 适期收割，精打细收

因受灾田块籽粒的成熟度差异较大，要根据田间大多数籽粒的成熟度来适期收割。

(二)补追穗粒肥，提高结实率和千粒重

对受灾较轻的田块，要追施穗粒肥，一般于破口前追施尿素 45 kg/hm^2，也可采用根外喷施叶面肥和植物生长调节剂的方法。穗粒肥按每公顷用磷酸二氢钾 2.25 kg＋水 900 kg＋尿素 15 kg＋“九二 O”溶液 15 g 的用量配制，在扬花至齐穗期内进行喷施，能提高结实率和千粒重，从而增加产量。

(三)绝收田块蓄养再生稻

对结实率低于 10％的田块，不要轻易放弃，可通过加强田间水肥管理和病虫害防治来促进二次分蘖或高节位分蘖，继而促使其抽穗、灌浆、结实，也能获得一定的产量；也可以采用蓄养再生稻和割去空壳穗头的办法来弥补一些损失。但采用蓄养再生稻的田块须是早熟品种，且把割穗头后蓄养的时限控制在 8 月 20 日

前进行。

第三节 洪 涝

重庆市夏季经常会出现连续降雨或暴雨，形成洪涝灾害，使水稻在生长期遭受不同程度的洪涝淹浸。对水稻生长的影响因淹浸季节、淹浸水深、淹浸时间及最高气温等的不同而异。一般来说，水稻在生长过程中遭受没顶（全部淹没）淹浸后，会导致不同程度的减产损失；如果遭受部分（未没顶）淹浸后，就未必一定减产。

一、水稻涝害的特征

水稻虽生长在水层中，但洪水仍可对其造成淹没、倒伏、折断或泥沙埋没等损伤，并诱发多种病害。苗期受涝，秧苗细长，叶发黄，但水退后一般能恢复生长。

水稻涝害损失随受涝时间和深度而加重。水温越高受害也越重，气温在 25 ℃以下时淹没 4 d 危害不大，但当水温在 30 ℃以上时淹没 4 d 则结实不正常且不易恢复，气温在 40 ℃以上时淹没 4 d 则可导致枯死绝收。水流速大，水质混浊，泥沙多，对水稻的机械损伤也更大。

(一)分蘖期

分蘖期受害，底叶坏死，心叶卷曲，水退后叶片干枯，但一般不至于腐烂。拔节期受涝，水退后植株细弱易倒伏，水淹时间越长倒折越严重。

(二)孕穗期

孕穗期的抵抗力最弱，淹水会出现烂穗和畸形，结实率大降，严重减产。

(三)灌浆乳熟期

灌浆乳熟期受涝则底叶枯黄，顶叶发黄，籽粒可在穗上发芽，粒重下降，米质变劣，发芽率降低。

二、水稻洪涝的防御对策

1. 水利和水土保持工程

兴修水库，拦蓄洪水，修筑堤防，疏浚排水沟道，山区修梯田，植树种草，控制水土流失。

2. 根据气象和水文预报固堤防洪，必要时分洪

3. 调节品种布局和播栽期

调节品种布局和播栽期，使抗涝力弱的时期避开洪涝高峰期。防止品种单一化，并使不同品种播栽期适当错开，可避免受洪涝时全部遭受严重损失。

4. 选用耐涝品种

选用具有根系发达、茎秆强韧、株型紧凑、涝后恢

复力快和再生能力强等特点的品种。据嘉兴地区农科所调查，相同淹水条件下，粳稻死株85%，糯稻76%，籼稻仅45%。低洼地区可种深水稻。

5. 栽培管理

培育壮苗促早发，在洪涝发生时水稻植株抵抗力就较强。

三、洪涝后的补救措施

1. 立即组织排水

高温下为避免温度剧变，可逐步降低水层，不要一次排干，但在阴雨天可一次排干。

2. 打捞漂浮物，洗苗扶苗，促进恢复

积沙压苗的应顺水退方向泼水洗苗。进入孕穗中后期的人工扶苗反而会损伤稻穗。

3. 发现缺株及时补栽

可利用原来的余苗补栽，也可在未受涝稻田选取壮秧分株移栽。缺苗严重的可将几块田的稻秧集中移栽，空出的稻田立即重新整地移栽或直播下茬。

4. 受涝后养分流失较多，应适当追肥

5. 孕穗期受涝损失严重的，可蓄留再生稻

方法是在水退后割除地上部分，留低桩，待其发新芽、长新根，仍可争取较高产量。杂交中稻以汕优63的再生能力较强，是蓄留再生稻的较好组合。

6. 淹后叶片受伤易感病害，特别是白叶枯病，应及时防治

第四节　低温冷害

水稻低温冷害是由于低温导致水稻不能正常发育而造成减产的灾害。重庆市的水稻低温冷害主要分为：秧苗期冷害、孕穗减数分裂期障碍型冷害、开花期障碍型冷害和灌浆期冷害四种。

一、水稻低温冷害分类

（一）秧苗期冷害

早春低温下秧苗心叶失水萎蔫，最后整株枯萎死亡。一般先死叶后死根。低温持续时间越长受害越重。

（二）孕穗减数分裂期障碍型冷害

花粉粒发育受阻，影响受精，降低结实率。最低气温达 15 ℃就会形成伤害。

（三）开花期障碍型冷害

日平均气温 20～23 ℃的条件下开花延迟，开花势弱。日平均气温低于 19 ℃时开花极少或不开花，温度越低，低温持续时间越长结实率越低。恢复常温后虽

仍能开花，但花粉萌发力下降，结实率也因而下降。

（四）灌浆期冷害

低温可降低灌浆速度，持续低温下养分不能从茎叶向籽粒顺利转移，瘪粒增多，产量下降。

二、减轻水稻冷害的措施

（一）按照气候规律调节品种和播栽期

一般以日平均气温稳定通过 10 和 12 ℃的 80%保证率的日期分别作为粳稻和籼稻的安全播种期，薄膜育秧条件下可提早 10 d。一般以秋季日平均气温不出现连续 3 d 以上低于 20 ℃和 22 ℃的天气分别作为粳稻和籼稻安全齐穗期的指标。齐穗到成熟，粳稻需 40 d，籼稻需 30 d，将安全齐穗期后延 30～40 d 即为安全成熟期。

（二）选用耐冷丰产品种

水稻种子的干胚膜脂肪酸的不饱和程度与抗冷性密切相关，对不同品种的胚膜脂肪酸组分进行分析，可作为品种抗冷性快速鉴定的一种方法。

（三）适时播种，培育壮秧

晚稻适当早播可以争取早齐穗，躲避秋季低温。

（四）施肥调节

抽穗前 10～18 d 施“壮尾肥”可提早抽穗 1～3 d，

有利于躲避冷害，降低空秕率。但施肥过迟会延迟齐穗，低温年份迟追肥的后果更为严重。基肥增施有机肥和磷肥可促进秧苗早发，也有利于提早抽穗。

（五）以水调温

出苗后秧苗抗冷力随叶龄降低，到三叶期最低，因此水层应随叶龄增加而加深。生长旺盛的秧田灌浅水或隔日换水有利于提高地温、提早齐穗。日最低气温低于 17 ℃时，夜间灌河水能提高田间气温，对防御减数分裂期和抽穗期的冷害有一定效果。如冷空气较强可灌深水，但叶尖必须露出水面，待回暖后再逐渐排水。

（六）应急措施

开花期发生冷害时，喷施赤霉素、增产灵、2，4-D丁酯乳油、尿素、磷酸二氢钾、氯化钾等都对减少空秕率有一定效果。

第七章
柑橘农业气象灾害防御

第一节　高温热害

柑橘是热带、亚热带常绿果树（枳例外），性喜温暖湿润，但也怕热。若在柑橘花期到稳果期间，出现30 ℃及以上的高温异常天气，就会影响柑橘正常开花结果，高温出现时间越早，危害越大。在柑橘花期到稳果期间因出现高温天气而导致的异常落花落果，造成产量损失的现象称为柑橘热害。

一、柑橘异常落果的气象条件

（一）幼果期

连续3 d或以上日平均气温≥28 ℃、日最高气温≥33 ℃、空气相对湿度<70%，易发生异常落果。

（二）盛花期

连续3 d或以上日平均气温≥25 ℃、日最高气温≥30 ℃、空气相对湿度<70%，易发生异常落果。

二、高温热害指标

(一)中熟柑橘高温热害指标

中熟柑橘幼果形成后热害指标见表 7-1。

表 7-1　中熟柑橘幼果形成后热害指标

发生时段	幼果形成期	果实膨大期
日最高气温(℃)	≥35	≥39

(二)柑橘花期热害等级指标

柑橘花期热害等级指标见表 7-2。

表 7-2　柑橘花期热害等级指标

热害等级	日平均气温(℃)	日最高气温(℃)
弱	25	30
中	26	32
强	27	34
极强	28	36

三、高温热害的防御措施

(一)施好催芽肥

萌芽后至开花前每隔 7～10 d 喷施 1 次 0.2%磷

酸二氢钾加 0.3%尿素液，或 300 倍多元素高级复合肥(B 型)，或美国绿旺 1000 倍液、绿宝 1000 倍液等叶面肥，一般连续喷 2 次；盛花后再喷施叶面肥 2 次，间隔为 5～7 d，同时加入 50 mg/L 赤霉素(九二〇)或 5～100 mg/L 的 2,4-D 丁酯乳油混合喷施，可以明显地提高保花保果效果。对灌溉条件欠佳的旱地果树，可喷施草木灰浸出液，每 2～3 d 喷 1 次，连喷 2～3 次。因为草木灰含有氧化钾，喷液后可提高柑橘叶片、果实中的钾离子含量，而钾离子具有较高的水合能力，故可减轻高温干旱对柑橘的危害，从而减少落果、缩果，促进果实膨大。

(二)慎施氮肥

若柑橘生长在高氮肥的条件下，则养分多用于营养生长，不利于保花坐果，尤其是春季施肥中如果氮肥比例较大，会加速春梢营养生长过旺，加剧梢果矛盾。因此，春季氮肥应提倡早施，不能在花蕾膨大后再施用速效氮肥，以防冲花。适宜的施肥量是春季施氮占全年施用量的 20%，磷肥占 40%～50%；夏季(第 2 次生理落果停止后)施重肥，氮为全年施用量的 40%，磷为 50%～60%，钾为 100%。

(三)及时摘春梢

花期前如果气温为 25～30 ℃且维持 3～5 d 时，

要预防春梢营养枝和新梢暴发性生长。摘春梢是保花保果的关键措施之一，时间应掌握在花蕾变白色至初花之前进行。过早摘芽容易萌发晚春梢，初花后再摘芽保果效果差。摘春梢全部抹除的效果最佳，春梢摘心的效果稍差，可结合春季修剪，对幼树适当疏除直立枝和未老熟的秋梢，减少萌发春梢。据试验，老叶与新叶之比为(1～1.5)∶1时，坐果率最高，且后期果实膨大较好。

(四)灌水或树盘覆盖

如遇干旱，就会造成大量落花落果，旱后灌水或下大雨，落果更会严重。灌水时间应听取当地气象预报，做到在高温来临前2～3 d，以早晨或傍晚灌水为好。如果在4月下旬出现“火南风”天气，更不利于保花保果。即使土壤不缺水，但因蒸腾量大，也要及时对树冠喷水保湿，有条件的橘园，每隔30 m设一喷雾器对树喷水，能使空气湿度提高4%左右，可大大减轻“火南风”的危害。树盘覆盖的材料一般用稻草，其作用是稳定土温，缩小土壤上下层温差，保持土壤疏松通气，减少土壤水分蒸发，以利于根系生长。

(五)防治病虫害

对受红蜘蛛等螨类害虫严重危害的橘园，应抓紧在开花前喷1次20%哒螨酮乳油或20%哒螨灵粉剂

2000～3000倍液，或70%克螨特3000倍液。在花蕾转白，直径达2～3 mm时，花蕾蛆成虫已出土上树，应抢在产卵之前，喷1次80%敌敌畏乳剂800～1000倍液，每3～5 d喷1次，连喷2次。

(六)种草防御

在低丘红黄壤的橘园内，种植黑麦草等草本植物来防御高温热害有较好的效果。黑麦草的播种期以11月份为宜，至次年4—5月份可在地表形成草被层而提高覆盖度。这样，在雨天可以减少地面径流，提高土壤含水量，具有改善橘园温度与湿度的生态效应，有利于防御高温干旱的危害。

(七)应用科学的栽培技术，增加树体抗逆性

根据橘园的地理位置、树冠长势等具体情况，运用整形修剪、配方施肥及病虫害防治等丰产栽培技术，力求培育健壮的结果母枝，增加树体有机营养的积累，促使树体发育平衡。

第二节　冻　害

重庆市位于长江上游、四川盆地东南部，降水丰沛，光热充足，冬暖春早，终年少霜雪，适宜晚熟柑橘生长。晚熟柑橘错季上市，经济效益可观，近年来种植面积逐年增长,2012 年约为 6.0 万 hm^2。尽管重庆市自然条件得天独厚,但冬季仍有冻害发生,成为发展晚熟柑橘的最大障碍。晚熟柑橘在冬季(12 月—翌年 2 月)如遭遇冻害,将造成留树果实受冻或脱落,果实被冻伤后出现留疤、变形、溃烂等情况,影响销售。

一、冻害对柑橘营养器官的影响

冻害能够使柑橘组织细胞间隙的自由水结冰,在细胞组织内形成冰粒,破坏细胞原生质结构和植物体内水分平衡,含水分较多的幼嫩组织,如叶、花、果和未停止生长的幼梢尤为严重。

(一)冻害对柑橘叶片的影响

叶片是植物进行光合作用和呼吸作用的主要器官,同时也是冻害最容易侵袭的部位。重冻时,柑橘叶片呈桶状卷曲,很快萎凋干枯,落叶严重,光合作用停止。轻冻时可使柑橘叶片表皮细胞受害,蒸腾作用加强,叶片慢慢卷缩或部分落叶,光合作用减弱。

(二)冻害对枝梢的影响

根据春、夏、秋梢各自不同的生理特点,春梢的抗寒力最强,夏梢次之,秋梢又次之,晚秋梢最弱,幼树枝梢相对成年树更易受冻。在枝梢组织中以形成层最抗寒，皮层次之，木质部、心髓最不耐寒。

（三）冻害对树干的影响

树干相对其他柑橘组织具有较强的耐寒性，但当严重冻害时，由于温度骤然下降，会造成树皮开裂，甚至死亡。冻裂的树皮常常会导致树干流胶病的发生。在根基部，因昼夜温差大，地表温度变化剧烈，树皮受冻脱落，又常导致裙腐病的发生。

（四）冻害对根系的影响

柑橘根系一般都不耐寒，尤其是柑橘苗期的根系，其大部分须根和细根分布在 20 cm 左右的土层中，耐寒性差，因此，在冻害来临之前，对根系进行培土、盖草保护尤为重要。

二、晚熟柑橘冬季冻害指标

以危害负积温作为晚熟柑橘冬季冻害指标。危害负积温为日最低气温与临界温度之差，重庆市柑橘临界温度为－1.5 ℃（见表 7-3）（注：该指标尚未得到大量验证，仅供参考）。

表 7-3　晚熟柑橘冻害等级划分

冻害等级	轻度	中度	重度
危害负积温（℃·d）	0～－2	－2～－4	<－4

三、冬季冻害防御措施

(一)合理施肥控梢,促进枝梢老熟

柑橘的春、夏、秋梢均可以成为翌年的结果母枝,但晚秋梢因抽生过晚,不仅不易分化花芽,而且影响抗冻锻炼,降低整个树体的抗寒性,因此应在早春施催芽肥逼春梢,秋梢抽生前(7 月后)不施氮肥、少灌水,以控制晚秋梢的发生;在早秋梢长有 6～7 片叶时及时摘心,9 月底以前全部抹除晚秋梢,促进树体发育充实,增强抗寒性。

(二)早采收、早施肥,恢复树势

稍早采收可以减轻树体负担,增加养分回流贮藏,有利于抗寒锻炼、增加抗寒能力。早熟品种采收后,立即施基肥;中熟品种适当采收,采前施基肥,可促使树体及早恢复树势,增加抗寒能力。

(三)树盘培土与树冠覆盖

一般地面最低温度比气温平均要低 5.4 ℃左右,在冻害发生之前、灌水之后培土将根颈部埋住,对保护柑橘主干主枝有重要的作用,树冠保护一般采用草帘、薄膜等覆盖。

(四)熏烟防冻

降雪停止后出现的白天晴好、夜晚低温天气最容

易造成柑橘树严重冻害。可提前在橘园特别是山坡低洼处，设置熏烟堆 60 个/hm^2，于夜晚点火熏烟，以增加橘园温度、防止霜冻。

四、柑橘冬季冻害补救措施

（一）因树修剪，有利于树冠恢复

一般在被冻部位生死界线分明以后，要及早进行修剪。受冻害较轻的树，春剪时以轻剪多留枝为宜，只剪去受冻的小枝和病虫枝，尽量保留有叶绿枝，以利于开花结果，并在 6 月下旬至 7 月上旬修剪时，回缩 2～4 年生衰老枝序，促发秋梢，争取翌年丰收。受冻害较重的树，对枯死明显的枝梢，必须及时剪除；对生死未定的枝梢，不宜过早剪除，应待萌芽抽梢后（5 月份），再从枝干上萌发芽梢较多的部位剪除，促使新梢健壮，当年恢复树势，次年投产。受冻害严重的树，树冠、树势均不宜恢复，宜重新建园。

（二）冻后尽早增施速效肥，保叶保根

柑橘受冻后，地上部枝叶遭受严重破坏，地下部根系受影响较小，但吸收机能明显减弱。所以，冻后护理初期，要及时追施速效肥，增强根系吸收功能，使树冠发生较多的新枝叶。施肥方法：一是叶面喷肥，用尿素 150～250 g 和磷酸二氢钾 100 g，兑水 50 kg，进行叶面

喷施，增强叶片的光合机能，促进保叶保根；二是早施勤施速效肥，最好在2—7月份，每月施1次速效肥，以促发春、夏、秋梢，加速恢复树势。

（三）清沟排水，中耕松土

柑橘受冻后，根系生长缓慢，需及时进行中耕，改善根系生长环境。低洼地段橘园要清沟排水，防止烂根，以利于柑橘迅速恢复正常生长。

（四）加强病虫防治，及时控制病虫对新梢嫩叶的危害

发生炭疽病，喷50％退菌特600～700倍液，或喷等量波尔多液2～3次。对螨类害虫，用0.3～0.5°Bé石硫合剂加20％三氯杀螨砜800～1000倍液喷雾。对蚧类害虫，用茶枯松脂合剂15～17倍液进行防治。发生潜叶蛾和蚜虫，用25％杀虫双400～600倍液，或40％乐果1000倍液喷施，效果良好。

第三节　雪　害

柑橘是常绿果树，即便在寒冷的冬天其枝叶也十分茂盛，正因如此，柑橘树上就容易积雪而引起雪害（裂枝、断枝等）。严重的雪害对柑橘树冠的培养和产量都极为不利。

一、雪害对柑橘的影响

(一)树冠积雪压断枝条

树冠积雪压断枝条,以迎风面雪厚灾重。树干短、树冠开张度大、枝叶密、枝梢长的受害重。

(二)枝叶冻结

雪后持续低温,雪水在枝叶上冻结,融雪吸热使雪面温度比裸地低 5～7 ℃,加重了冻害。历史上的柑橘严重冻害通常都伴随着雪害。

二、不同柑橘遭遇雪害的受害情况

不同柑橘品种、不同树龄、不同树势的植株雪害情况有如下差异:

(一)生长较强、树冠较直立的树

生长较强、树冠较直立的树,特别是开张角度在45°以内、枝叶茂盛的侧枝,由于其上容易积雪,易遭雪害。

(二)当年挂果少的枝条

当年挂果少的枝条,由于未经一定重量压力的"锻炼",树枝韧性差而易受害。

(三)枝叶平展、枝条硬脆的品种

枝叶平展、叶片较大、生长势强、枝条硬脆的柑橘品种或品系容易受害。

(四)老年树和幼年树

老年树和幼年树较成年树不易受害。因为老年树枝粗,新生枝梢和叶片数量相对较少,枝叶上积雪较难;幼树大都为新枝和幼龄枝,枝条韧性好,不易遭受雪害。初投产树,由于其枝叶茂盛,最易受害。

三、雪害的防御措施

(一)适时扫雪

大雪时应及时摇落树上积雪以减轻树体负担,天气阴冷时不必急于扫除地面积雪,但在转晴辐射降温出现之前应及时清除树冠下积雪以避免或减轻辐射霜冻危害。

(二)及时处理

对完全折断的枝干,应及早锯断,削平伤口,涂保护剂防腐。对撕裂未断的枝干,应用绳索和支柱支撑,受伤处涂蜡、鲜牛粪、黄泥浆等,促进伤口愈合。

(三)整修树冠

对未受害枝干从轻修剪,对已撕裂但未断裂的枝干加强修剪,以减少养分消耗。适当保留断口下方抽生的新梢,以利于更新。

(四)雪后管理

雪害后树体衰弱,应及时施肥;伤口多易感病虫害,应及时防治。

(五)对折断的年轻树可高接换种,无法更新的挖去补植新株

四、雪害的补救措施

(一)断枝的挽救

雪害造成的断枝现象较少,一旦出现断枝,一般无法挽救,应及时于断口处锯除,再于伤口处涂上新鲜牛粪或杀菌剂,以利于伤口愈合。

(二)裂枝的挽救

(1)挽救要及时。处理越早越好,若未能及时处理,过一二十天再行挽救也有一定效果。

(2)伤口包扎前不必涂杀菌剂,更不宜把裂口削平后再拉合,只要用塑料绳绑扎紧,尽量减少裂口缝隙即可。

(3)裂口用绳包扎前最好先用硬纸板、竹片、厚塑料布等贴于拉合的伤口处,再用绳扎紧。如果用竹片,也可用铁丝绑扎,更易拉紧。

(4)拉绳与其他大枝相拉时,先用竹片或小木板垫在裂枝系绳处,以免拉绳过分嵌入树枝内,且拉绳最好

不时调换位置。

(5)解绑时期定于伤口完全愈合(一般需1～2年)后的春季。树龄小或长势强的,宜在1年内解绑,树龄大或长势差的,解绑时间可延后。

(6)对于挽救失败即绑扎后死亡者,应尽早把死枝从基部剪除,伤口涂上防腐剂。

(7)绑扎当年,裂枝应疏花疏果,尽量减少果实负载量。

参考文献

安月改,林艳,2008.近 53 年京津冀区域棉花生育期连阴雨的气候特征[J].中国农业气象,**29**(3):375-378.

蔡浩勇,黄联联,杨素梅,2009.浅谈水稻高温热害防御技术[J].安徽农学通报,**15**(12):91-92.

凡改恩,石学根,徐建国,2009.冻害对柑橘生长发育的影响及影响柑橘冻害的因素[J].浙江柑橘,**26**(3):23-24.

黄文萍,2014.北方葡萄常见自然灾害的防御措施[J].现代园艺,(20):218.

李翠英,曹立耘,2011.高温干旱与柑橘的保花保果[J].果农之友,(6):27.

李永和,石亚月,陈耀岳,2004.试论洪涝对水稻的影响[J].自然灾害学报,**13**(6):83-87.

李泽明,唐余学,2014.近 30 年重庆市晚熟柑橘冬季极端冻害模拟分析[J].安徽农业科学,**42**(8):2421-2424.

辽宁省棉麻研究所,1978a.棉花的低温冷害及其防御措施[J].新农业,(6):11-12.

辽宁省棉麻研究所,1978b.棉花低温冷害及其防御措施的初步研究[J].辽宁农业科学,(3):16-19.

缪卫国,姜莉,曹风刚,等,2004.低温对棉花主要生育期危害机理初探[C].中国西北植物病理学学术研讨会:57-60.

王加更,1991,柑桔雪害预防及其挽救[J].中国柑桔,**20**(4):23-24.

肖俊夫,刘祖贵,1999.不同生育期干旱对棉花生长发育及产量的影响[J]. 排水灌溉学报,(1):23-27.
姚树然,康西言,李二杰,2008. 河北棉区气候影响效应的时空变化[J]. 中国农业气象,**29**(3):325-328.
张付春,潘明启,伍新宇,等,2013. 托克逊县设施葡萄栽培防灾减灾措施[J]. 中外葡萄与葡萄酒,(1):29-31.
张永平,龚建平,李秀娟,等,2012. 柑橘冻害的发生及防控对策[J]. 现代农业科技,(19):100-102.
郑大玮,郑大琼,刘虎城,2005. 农业减灾实用技术手册[M]. 杭州:浙江科学技术出版社.
祝康,罗琴,蔡霞,2010. 农业气象灾害对葡萄生产的影响及防灾减灾措施[J]. 四川农业科技,(9):36-37.